本书的出版得到"十三五"国家重点研发计划课题 2016YFD0600404 的资助，特此谢忱！

U0215596

东北半干旱地区
杨树高效栽培技术研究

裴晓娜　赵曦阳　著

中国林业出版社

图书在版编目（CIP）数据

东北半干旱地区杨树高效栽培技术研究/裴晓娜，赵曦阳著．—北京：中国林业出版社，2020.10

ISBN 978-7-5219-0783-4

Ⅰ．①东…　Ⅱ．①裴…②赵…　Ⅲ．①干旱区-杨树-栽培技术-研究-东北地区　Ⅳ．①S792.11

中国版本图书馆 CIP 数据核字（2020）第 174236 号

出版发行　中国林业出版社（100009　北京西城区刘海胡同 7 号）

电　　话　010-83143564

印　　刷　北京中科印刷有限公司

版　　次　2020 年 10 月第 1 版

印　　次　2020 年 10 月第 1 次

成品尺寸　170mm×240mm

印　　张　8.25

字　　数　180 千字

定　　价　45.00 元

前　言

　　随着社会经济的发展，对木材需求量越来越高，尤其伴随人们物质文化生活水平的提高，以木浆生产的各种纸制品需求量越来越大。杨树已经成为我国人工造林的重要树种，近些年，随着市场价格逐渐攀升，全国各地速生丰产林发展非常迅速，已经形成了极具规模的林木资源的重要组成部分。但由于全球对生态环境保护的加强，木材及其产品进口的代价会越来越高，而国际木材供应形势日益严峻，目前已经有86个国家禁止和限制原木出口，造成了国内木材进口价格不断增长。因此，提高杨树人工林产量为中国林业发展的当务之急。

　　干旱严重限制着植物的生长和发育，是最为严重的非生物胁迫之一。我国干旱问题严重，干旱和半干旱地区面积占国土总面积的一半左右。尤其在干旱地区营建林分时，经常由于水分亏缺造成苗木成活率低下，严重阻碍林业产业及生态系统的发展。植物抗旱性受自身遗传物质、形态结构和所处环境的共同影响，其主要抗旱机理是通过调节渗透压使植物细胞保持较高的水势，而抗旱的主要方式为关闭气孔防止水分消散和降低植物代谢，抑制其生长使总表面积减少等。干旱胁迫会严重影响植物光合作用、气孔作用、抗氧化酶系统等生理过程的正常运行，从而影响植物的生长发育。

　　对中国东北半干旱地区来说，由于自然条件限制，传统苗木的培育因为立地条件、水肥管理等方面原因，普遍存在出圃苗木瘦弱等问题，致使当年出圃的苗木造林成活率低。优化繁育条件、培养良种壮苗、提高苗木质量，对于加快我国造林绿化和林业建设步伐具有重要意义。在纤维材培育方面，造林密度是影响东北半干旱地区生物产量和木材质量的一个重要因素，只有在合理的造林密度下才能获得最高的生物产量和提高木材质量，并取得最好的经济效益。以上各类因素是影响东北半干旱地区杨树产业的重要问题，但由于环境、经费等因素限制，东北半干旱地区杨树苗期高效培育技术研究还较少，密度控制、立地条件选择则更鲜有报道。本研究以吉林西部半干旱地区广泛推广和应用的4个青杨类杨树无性系为材料，对其苗期水肥耦合、指数施肥、基质筛选等培育措施进行研究，同时对干旱胁迫下不同无性系的生长、生理指标进行测定，以期为半干旱地区青杨类杨树无性系良种壮苗提供基础；同时本专著还对半干旱地区青杨类杨树立地条件选择与密度控制进行初步探讨，希望可以为东北半干旱地区青杨类杨树纤维材高效培育提供理论依据。

在此书即将付梓之际，谨向参加课题工作的所有科研人员表示诚挚的谢意！由于水平有限，书中或尚存疏漏和不当之处，敬请广大读者批评指正。

著 者

2020 年 7 月

目　录

前言

第1章　绪　论

1.1　杨树苗期高效培育技术研究进展 ………………………………… 1

1.2　干旱胁迫下杨树生长发育研究进展 ……………………………… 3

1.3　林木密度控制研究进展 …………………………………………… 8

1.4　林木基因与环境互作研究进展 …………………………………… 9

第2章　水肥调控下4个杨树无性系苗期生长模型构建

2.1　材料与方法 ………………………………………………………… 11

2.2　结果 ………………………………………………………………… 13

2.3　讨论 ………………………………………………………………… 20

第3章　不同水肥处理下杨树无性系生长性状变异分析

3.1　材料与方法 ………………………………………………………… 23

3.2　结果与分析 ………………………………………………………… 25

3.3　讨论 ………………………………………………………………… 30

第4章　指数施肥对不同杨树无性系苗期生长的影响

4.1　材料与方法 ………………………………………………………… 33

4.2　结果 ………………………………………………………………… 35

4.3　讨论 ………………………………………………………………… 39

第5章　不同基质对9个杨树无性系苗期生长的影响

5.1　材料与方法 ………………………………………………………… 42

5.2　结果 ………………………………………………………………… 44

5.3　讨论 ………………………………………………………………… 54

第6章　干旱胁迫下4个杨树无性系生长指标变异研究

6.1　试验材料和研究方法 ……………………………………………… 57

6.2　结果与分析 ………………………………………………………… 58

　6.3　讨论 ·· 66

第7章　干旱胁迫下4个杨树无性系生理指标变异研究

　7.1　试验材料和研究方法 ·· 71

　7.2　结果与分析 ·· 73

　7.3　讨论 ·· 81

第8章　不同地点7个杨树无性系苗期生长性状变异及稳定性分析

　8.1　材料与方法 ·· 85

　8.2　结果与分析 ·· 87

　8.3　讨论 ·· 92

第9章　密度对东北半干旱地区小黑杨生长性状和木材性状的影响

　9.1　材料与方法 ·· 95

　9.2　结果 ·· 96

　9.3　讨论 ·· 101

参考文献

第1章

绪　论

　　杨树属于杨柳科（Salicaceae）杨属（*Populus*）树种，其生长迅速，适应性强，在世界范围内广泛分布于北半球温带和寒带地区（郝再明，2011）。其分为青杨派（*Tacamahaca*）、大叶杨派（*Leucoides*）、黑杨派（*Aigeiros*）、胡杨派（*Turanga*）和白杨派（*Leuce*）等5个派系。我国杨树起源较早，广泛分布于平原、山区和丘陵等地区（钟克雄等，1988），种类繁多，包括53个种，资源十分丰富，已成为我国人工林产业化栽培造林的主要树种，在改善生态环境和工程建设方面有着不可替代的作用（李文荣等，2008）。不同的杨树品种对环境的要求也不同，如青杨、滇杨、大青杨和山杨等属于中生偏湿类型，小叶杨、黑杨、银白杨和新疆杨等属于中亚草原和森林草原树种，在干旱环境下仍可正常生长。在所有杨树品种中，胡杨的耐旱性和耐盐性最强，在干旱荒漠和沙漠盐碱地带仍可正常生长（张忠涛等，2001）。近几十来，经过天然林选出的优良个体，或经杂交和诱变等手段获得的杨树材料已多达万份，且在生产生活中得到极其广泛的应用（张志毅等，2006）。

1.1　杨树苗期高效培育技术研究进展

1.1.1　水肥耦合在杨树良种壮苗中的作用

　　杨树是一种重要的短轮伐森林植物（Wang et al., 2015），水分和养分对杨树生长影响巨大（Wang et al., 2015），特别是幼苗，养分有效性和土壤含水量是限制幼苗生长和发育的两个主要因素（Dong et al., 2011），养分和水分的缺少或者不足可以通过多种生理过程制约植物生长（Dong et al., 2011）。从水分来看，水分缺失会导致气孔关闭，从而降低植物吸收 CO_2 的速率，进一步降低光能利用效率（Waring et al., 2016）；此外，水可以通过促进根系发育来辅助树木生长（Percival et al., 2003；Alsafar, 2009）。从肥料来看，肥料可以通过影响光合效率，进一步影响碳水化合物在地上和地下的分配（Waring et al., 2016），缺肥可以导致植物营养不良，甚至停止发育，而肥料过量则会导致肥料效率降低，提高生产成本的同时会灼烧苗木，甚至直接导致苗木死亡（Kowalenko and Bittman，2000；Sylvester BR and Kindred，2009）。在肥料各元素中，氮（N）、磷（P）和钾（K）是植物发育所必需的养分（Pitre et al.，2007）。氮肥是植物细胞蛋白质的重要组成部分，同时氮素又是植物叶绿体的重要成分。缺乏氮素，叶绿素含量会减少，光合作用就会显著降低（Pitre et al.，2007）；如果氮素营养可以满足植物需要，植物生长高大、枝条粗壮、茎叶繁茂、叶色深绿（Cooke et al.，2005；Yu et al.，2010；Wu et al.，2008；方升佐等，2008）；但是过度氮素的应用也会引起植物的疯长，致使植物更易感染病虫害，果实也会推迟成熟。磷素是细胞核的重要组成部分，对促进植物细胞分裂和增殖具有重要作用。此外，磷也是植物体内一些酶的重要组成部分，合理满足植物对磷素的需求，可以有效促进根系生长和发育，进一步提高抗寒、抗病和抗旱的能力；如果磷素供应不足，植物出叶迟、落叶早、抗寒和抗旱性减弱（Elferjani et al.，2013）。钾肥可以促进植物的光合作用，尤其对淀粉和糖分的形成具有重要作用，同时钾还能促进植物对氮、磷肥的吸收，有利于蛋白质的形成。氮、磷和钾的形态也对土壤养分产生影响，进而影响林分土壤微生物、群落的多样性和组成（Wang et al.，2016）。总的来说，水、肥是林木生长和发育的重要因素（Zabek et al.，2007），合理的调控施肥、灌水可以促进林木生长发育的同时降低成本，切实实现经济、生态效益的双赢（Liu et al.，1992；吴锡麟等，2005）。

1.1.2　模型构建在杨树苗期生长发育中的作用

林木生长模型的构建是树木生长过程中经历曲线的函数表达形式，也就是关于生长时间的确定函数（赵曦阳，2015）。植物生长建模可以对假定进行检验，进行有关植物生长过程的虚拟实验，可以直接检验给定模型的结果（Fourcaud et al.，2008）。功能生长性状模型在目前对生物过程和环境条件的整合特别重要，并为植物科学的进一步研究提供了基础（Fourcaud et al.，2008）。林木单株生长过程是了解林木生长发育的重要因素，不同发育阶段进行有效处理可以加快生长速度，进一步提高木材产量。描述树木生长规律的学者们在模型构建方面做了大量的工作，例如 Richards，Bertalanffy，Exponential Function，Lundqvist Korf，和 Logistic 等多个模型已经被挖掘和应用（Martins et al.，2014）。林木苗期生长遵从慢—快—慢的生长模式，Logistic 模型非常完美地诠释了这种动态的生长变化。向志民等利用 Logistic 曲线模拟了杨树的生长进程，估测了年生长最大点和速生期（向志民等，1999）；赵曦阳等利用 Logistic 模型构建了毛白杨种内杂交无性系苗期的生长曲线，提出毛白杨苗期苗高生长与速生期生长量关系密切（赵曦阳等，2013）；刘梦然等构建了转基因小黑杨苗期生长性状的 Logistic 曲线模型，提出苗高、地径均与速生期内生长量、速生期内平均日生长量显著正相关，为小黑杨苗期管理提供理论依据（刘梦然，2014）。总之，Logistic 模型为植物生长发育过程提供了一种简化的表示方法，只需要对模型参数进行少量的修改，这种方法可以广泛应用于多个树种（Avanza et al.，2008），尤其在对制定林木生长过程中施肥与灌水等管理策略具有重要意义（Hart et al.，2015）。

1.1.3 杨树苗期基质筛选研究进展

土壤理化环境是影响植物生产性能的主要因素。高质量土壤的特点是多孔结构，排水良好，但可以储存水分和养分来支持植物生长，并允许根系伸长，以便吸收养分和水分（Peter and Stephen，2013）。此外，土壤是一个复杂的物理和生物实体的环境，土壤元素与植物之间的相互作用是复杂的，植物与土壤生物多样性之间的反馈，是支持植物生长的重要因素（Dighton and Krumins，2014）。土壤发育和肥力取决于与土壤基质来源、气候和有机物质性质有关的许多因素，这些因素对植物生长有影响。例如，与低沃土相比，含有 70% 有机质的泥炭能促进某些松树的生长（Schwan.，1994）。在基质砂土：黏土：泥炭（1∶1∶3）中，柏树（*Cupressus sempervirens*）在第二生长季后表现出更好的生长（Hassan et al.，1994）。因此，育种者要考虑土壤的物理条件来提高植物的生产力（Peter and Stephen，2013）。

1.2 干旱胁迫下杨树生长发育研究进展

苗木早期生长性状主要包括苗高、地径、叶片数量、叶面积等表型性状，是苗木早期评价的重要指标，也是基因和外界环境共同影响下的直观表现。在干旱条件下，干旱胁迫对植物的生长、形态、发育、生理功能等方面具有显著影响（鲁松，2012），其中生长和生物量的变化可以直观表现出不同类型植物的抗干旱能力。在干旱环境中，植物通常表现出生长减缓，叶面积减小、萎蔫和叶片脱落等现象（麻文俊，2013）。有研究表明水分胁迫下植物苗高、地径、叶片数量和生物产量显著降低（Ibrahim et al.，1998）。干旱胁迫在一定程度上影响植物水分代谢，造成细胞失水，导致植物体形态发生显著变化（井大炜，2014）。井大炜等研究表明：水分胁迫条件下，I-107 杨（*Populus×euramericana* cv. 74/76）叶面积和叶片数量显著低于对照，随着胁迫强度的加强，苗木生物量逐渐降低，地下和地上部分干物质比重逐渐加大。喻晓丽（2007 年）在研究中也发现火炬树（*Rhus typhina*）在重度干旱胁迫下苗高生长量为对照的 63%。Timothy（1998）研究发现不同基因型对干旱的响应机制不同，抗旱的杨树在干旱的早期阶段会将干物质优先向根和茎分配，而干旱敏感的品种在水分胁迫下缺乏这种分配能力。

1.2.1 干旱胁迫对植物根系的影响

植物通过根系吸收水分和营养物质，根系是转化和储藏营养物质的主要器官，根系的发育直接影响地上部分的形态建成，对植物的生长发育具有重要意义（程建峰，2007）。根系是植物受到干旱胁迫时最先作出反应并发出信号的器官，根系通过改变形态结构，空间分布和物质分配，直接或间接影响植物地上部分的生长发育，发达的根系可以帮助植物吸收更多深层土壤中的水分和营养物质（Kano et al., 2011），有效缓解干旱胁迫对植物造成的伤害（Thu et al., 2014）。目前，关于干旱胁迫对植物根系发育影响的研究主要集中在根系的空间分布，根系长度、根系宽度、根系体积、根冠比、根毛和根活性等方面（赵秀莲，2007）。如 Wang(1988)等研究了植物的根冠比，结果表明，根冠比较大的植物通常抗旱能力较强，这是由于根冠比越大，地上部分失水越少，从而促使植物在干旱胁迫情况下得以维持正常的生命活动。何广志等（2016）对干旱胁迫对不同林龄柽柳（*Tamarix chinensis*）根系生长进行研究，发现干旱胁迫能够促进柽柳根系的生长发育，且不同林龄柽柳的根系对干旱胁迫的响应不用，形成不同的根系构型。王家顺等（2011）对茶树（*Camellia sinensis*）根系在干旱胁迫下的形态进行了研究，发现茶树根系的形态在干旱胁迫情况下发生显著变化，随着干旱程度的逐渐增加，茶树根系的长度、表面积和体积逐渐增加，根的直径逐渐减小，一级根和二级根数量逐渐增加，这些变化有效缓解了干旱胁迫对茶树的伤害。李文娆（2010）等研究紫花苜蓿（*Medicago sativa*）根系形态、生物量、蒸腾耗水量等对干旱胁迫的响应。结果表明干旱胁迫对紫花苜蓿的根系形态特征产生了较大的影响，主要体现在主根的伸长生长受到抑制，直径变细，侧根和根系总长度则被促进，根系表面积显著增加等方面。

1.2.2 干旱胁迫对植物叶绿素荧光参数和叶绿素含量的影响

叶绿素位于叶绿体内部，在光照条件下能够将大气中的 CO_2 和水合成有机物，同时释放出氧气。叶绿素对绿色植物的光合作用是至关重要的，影响着植物光合作用的效率。叶片叶绿素含量在植物处于干旱胁迫时会出现显著降低，同时叶绿素的生物合成也受到一定程度影响，降低植物光合作用。沈艳等（2004）对不同土壤水分条件下 8 种紫花苜蓿的生理指标变化规律研究表明，干旱胁迫下紫花苜蓿叶绿素含量较灌水条件下低。叶绿素含量的高低直接决定植物的光合速率，与其保水能力有很大关系。干旱胁迫抑制光合作用光反应中心中光能转换、电子传递、光和磷酸化和光合作用暗反应等一系列过程。对植物叶片叶绿素荧光参数进行测定分析可以间接了解叶片光合系统的状况，在一定程度上反映植物叶片对光能的吸收、传递、耗散和分配的状况。周朝彬等（2009）以 1 年生胡杨（*Populus euphratica*）盆栽苗为材料，研究不同水分处理下苗木的叶片水势、光合和叶绿素荧光参数的变化规律，发现不同干旱处理，苗木叶绿素荧光参数显著不同，且叶绿素含量与植物光合速率间有密切关联。

1.2.3 干旱胁迫对光合指标的影响

光合作用是林木生长成材的基础，是植物生长发育的基本代谢过程（倪霞等，2017）。植物生产力的高低取决于其光合作用能力的强弱（陆钊华等，2003）。光合指标主要包括瞬时光合速率、蒸腾速率、气孔导度和水分利用率等性状（夏诗书等，2018），其中光合速率指光合作用过程中固定二氧化碳的速度，也称同化率，用来表示光合作用强弱程度（姜卫兵等，2008）。植物通过叶片与外界环境进行物质交换，外界二氧化碳通过气孔进入植物叶肉细胞，叶肉及表皮细胞的水分通过气孔蒸发到空气中（司建华等，2008）。气孔导度是描述气孔开度的量，在一定程度上反应植物的代谢情况，其反应灵敏度可以为植株的抗旱能力提供依据（阮成江等，2001）。植物在一定时间内单位面积叶片的蒸腾水分被称为蒸腾速率，研究表明蒸腾作用和环境因子两者之间具有较为密切的关系，其大小在一定程度上可以反应植物对逆境的适应能力（刘淑明等，1999）。水分利用率指植物消耗单位水分产生同化物质的量，反映出植物耗水与干物质生产间的关系（张岁岐等，2002）。

植物在进行光合作用需要利用大气中的水分和二氧化碳，其中植物体内水分变化会对 CO_2 扩散阻力、光合酶活性和叶绿体的水合度产生影响，进而对植物光合作用产生影响（陈林等，2010）。当植物受水分胁迫后，光合作用会发生一定变化，主要表现在光合速率、气孔导度、蒸腾速率和水分利用率等方面（Chaves et al.，2008）。朱教君等（2005）研究表明当水分供应不足的时候，由于受到水分亏缺造成的影响，其光合速率会显著下降。受长时间水分胁迫的影响，植物光合器官会产生一定损伤，从而造成植物光合作用降低（尹赜鹏等，2011）。在干旱条件下，受水分亏缺的影响，植物光合特性会发生显著变化，主要表现为叶片光能辐射利用效率降低、叶片蒸腾速率下降、气孔导度降低和光合速率下降，进而造成植株叶片减小、干物质积累降低（Krishnamurthy et al.，2007）。目前关于干旱胁迫下受水分亏缺影响植物光合作用降低的机理的解释为：受水分缺乏影响，为保持体内水分平衡，植物通常控制叶片气孔开度降低蒸腾速率来减少水分消耗。受气孔影响外界二氧化碳进入叶片受阻，叶肉细胞光合活性下降，光合产物生成受阻，造成植株光合能力降低，导致植物干物质产量降低。当植物在受干旱胁迫时，部分基因型仍具有较高的光合作用和生长量，通常认为其具较高抗旱性。冯玉龙等（2003）对水分胁迫条件下昭林杨 6 号和欧美杨 64 号（*P. canadensis* Moench cv. 64）的多个生理指标进行研究，发现胁迫时间越长净光合速率越低，但昭林杨 6 号较欧美杨 64 号抗性较高。敖红等（2007）对不同水平干旱胁迫处理下嫩江云杉（*P. koraiensis* var. *nenjiangensis*）和红皮云杉（*Picea koraiensis*）的多个生理指标进行研究，结果表明嫩江云杉的净光合速率在干旱胁迫的条件下较红皮云杉降低的幅度较低，表明不同基因型其抗逆性能力不同。田大伦等（2004）研究发现，受干旱胁迫影响，植物光合作用出现显著下降，但导致光合作用降低的因素主要有两种，分别为气孔因素限制和非气孔因素限制两种，区分两种主导因素的依据是气孔导度和胞间二氧化碳浓度的变化方向是否相同。付士磊等（2006）对干旱胁迫下小青杨光合生理变化研究发现，在胁迫初期各光合指标随胁迫加强而显著降低，在胁迫前期光合速率下降的主要原因是气孔限制引起的，胁迫后期非气孔限制成为影响光合作用的主导因素。赵曦阳等（2011）研究表明杨树气孔导度和蒸腾作用变化间成正比关系。谢会成等（2004）研究表明在干旱胁迫初期叶片的净光合速率和蒸腾速率均随着土壤含水量的降低而下降，而蒸腾速率下降速度较光合速率快，水分利用率变大，胁迫后期两者下降速率发生变化，使植物水分利用率逐渐降低。

叶片的同化作用和蒸腾作用是植物生命活动中两个关键的生理功能，叶片也是对外界环境变化较为敏感的器官（朱广龙等，2016），气孔是植物与外界水分和空气交流的主要器官，当植物受到干旱、高渗、盐碱和冷害等胁迫时会展现出显著的气孔调节（周晓阳等，1999）。因而，气孔研究受到越来越多人的关注。如姚庆群等（2005）从叶绿体结构、光合色素含量和叶绿素荧光等方面综合分析气孔和非气孔因素对光合作用的响应。结果表明，气孔限制和非气孔限制的影响程度随干旱程度的不同表现出差异。司建华等（2008）为了解胡杨抗旱与水分利用之间的关系，对其气孔活动进行了探究。结果显示，受到严重干旱胁迫时，胡杨叶片的气孔会进行自我调节，减小气孔导度，降低水分蒸腾，以适应干旱。王锋堂等（2017）对热带樱花（*Cerasus* sp.）研究发现，随着干旱时间延长，其叶面积与叶片含水量降低；干旱程度加深，叶片气孔密度、气孔周长指标等呈减小趋势，干旱下气孔密度与其开放度有显著相关性，干旱条件对海南岛种植热带樱花有很大影响。

1.2.4　干旱胁迫对植物抗氧化酶系统的影响

植物是一种需氧代谢的有机体，当植物进行光合作用和呼吸作用时，植物体内的叶绿体和线粒体等细胞器会产生活性氧，当其积累到一定程度时，会对植物体本身造成损害（田国忠等，2005）。干旱条件下，水分缺乏会对植物的生长造成不同程度的胁迫，胁迫会导致植物细胞内稳态环境被破坏，进一步导致活性氧含量增加，针对这种情况，植物本身具有一系列防御响应，包括酶类活性氧清除系统和非酶类活性氧清除系统（薛鑫等，2013）。其保护酶系统主要有 SOD、CAT 和 POD 等，它们在超氧自由基、过氧化氢和过氧化物清除方面具有重要意义（Mittler et al.，2002）。许多研究表明抗氧化酶的活性高低与植物对逆境的抗性密切相关，Sánchez–Rodríguez 等（2012）研究发现，在不同水分胁迫条件下，不同基因型抗氧化酶活性的变化不同，耐旱基因型 *Zarina* 在胁迫条件下抗氧化酶活性波动较大，而干旱敏感型 *Josefina* 的抗氧化酶活性波动较小。众多研究表明，当植物处于胁迫条件下，其细胞稳态会被打破，活性氧的产生和消除的动态平衡会被打破，造成活性氧在细胞中大量积累，对细胞内生物分子造成氧化损伤（Kanazawa et al.，2000）。

超氧化物歧化酶（SOD）作为植物防御的首位，它能特异性地将超氧阴离子（O_2^-）歧化为 H_2O_2 和 O_2，然后由 APX、GPX 和 CAT 清除。有研究显示，植物体内的超氧化物歧化酶（SOD）活性与其抗氧化胁迫能力表现出正相关关系（唐连顺，1992），不同植物种类的超氧化物歧化酶（SOD）活性变化不稳定。如槭树的 SOD 活性在受到干旱胁迫时下降后上升，之后恢复到正常水平（胡景江等，1999）。构树抗干旱胁迫能力稍弱，当干旱胁迫严重时，表现出抗氧化酶活性显著降低（Liu et al.，2011）。姜慧芳等（2004）人对花生的研究发现，在干旱胁迫早期，叶片的 SOD 活性下降；当干旱胁迫程度持续增加时，SOD 活性开始上升。杨特武等（1997）研究发现在干旱胁迫条件下，植株不同部位 SOD 活性不同，其活性强弱表现为根>茎>叶。

过氧化物酶（POD）是植物体内分解 H_2O_2 的关键酶类。邱兴等（2015）对 1 年生杨树无性系研究发现，在水分胁迫条件下，过氧化物酶（POD）活性明显高于对照，呈现出先上升后下降的趋势。表明在一定干旱胁迫范围内，植物内部通过调节酶活性以应对干旱胁迫，表现为酶活性提高；当胁迫程度超出植物忍耐范围时，酶活性开始降低。王琰等（2011）对水分胁迫条件下不同种源油松（*Pinus tabuliformis*）进行分析发现不同种源其响应水分胁迫能力不同，洛南种源和芦芽山种源在水分胁迫条件下表现出较高 POD 活性，而千山种源活性较低。

脯氨酸（Pro）是植物体内的一种渗透调节物质，在植物体内以游离的形式存在。当植物受到干旱胁迫时，脯氨酸的含量会增加，降低内部水势，使得植物在干旱时仍然继续吸水，以适应胁迫（祁伟亮等，2017）。大量研究结果表明，植物体内的脯氨酸含量与植物抗旱性呈正相关，因而常被作为衡量植物抗旱能力大小的重要指标（何建社等，2018）。但也有研究显示，随着干旱程度的加深，植物体内的渗透调节物质会表现出逐渐下降的趋势（卢少云等，2003），关于植物体内脯氨酸的积累对干旱胁迫的响应机制仍存在争议。

1.3 林木密度控制研究进展

除了土壤特性和水肥管理外，种植密度是影响森林生长和质量的最常见的因素之一（Fujimoto and Koga.，2010；Hebert et al.，2016）。不同种植密度影响木材强度特性和木材密度（Guler et al.，2015）。人工林密度高，树木之间的过度竞争，树木个体体积增长减少，树木死亡率增加（Akers et al.，2013；Guler et al.，2015）。木材的特性决定了产品最终用途的适宜性，也决定了其价值（Cassidy et al.，2013）。因此，提高木材的性能，如木材硬度和木材密度成为育种计划的一个重要问题（Hannrup et al.，2000；Fries and Ericsson.，2006）。木材密度被认为是影响木材刚度、强度和收缩性能的最主要因素之一，并被许多育种和造林项目选为改善木材质量的基本指标（Hong et al.，2014）。此外，纤维和木材性能的育种过程与植物种类和商业效益有关（Yin et al.，2017）。例如，树高（H）和胸径（DBH）的特点直接影响材积，木材属性如纤维宽度（FW）和纤维长度（FL）和木材化学成分（纤维素含量（CC）和木质素含量（LC））对木材生产有直接的影响（Bos and Caligari 2008；Yin et al.，2017）。还有许多条件，如抗逆性可用来评估生长和死亡率（Liu et al.，2015a）。在半干旱地区，由于气候条件植物的再生和适应非常困难（Joubert et al.，2013）。对于木本树种，适宜的方法是将不同的生长性状与干旱、半干旱等特定条件下的木材性状相结合（Yin et al.，2017）。在半干旱条件下，树木种群的重要种群机制是可以改变的。如果处于半干旱条件下的树木处于其水分有效利用的下限，那么由于其所面临的更严重的水和环境压力的频率比其最适条件下的树木种群更大，因此它将面临更大的死亡率和更少的再生。树木之间在死亡率、生长速度、补充和再生方面的差异应表现为树木和形态生长的差异（O'connor and Goodall，2017）。因此，在半干旱地区，通过了解和应用适当的造林措施来保持植物的健康和稳定是很重要的（Li et al.，2017）。

1.4　林木基因与环境互作研究进展

立地条件也是影响植物生长的重要因素之一（Dias et al., 2018）。估计不同地点的生长和生产力是森林管理和育种的中心要素（Berrill and O'Hara, 2014）。这些估计为评价不同管理方法下生物量的潜在产量提供了资料（Duan et al., 2018）。生产力取决于场地条件，如环境条件和土壤条件（Duan et al., 2018），在优良环境条件下，杨树人工林可以在较短的时间内产生大量的生物量，多年保持其产量能力（Makeschin, 1999）。不同地点杨树的生产力表现出较大的差异（Facciotto et al., 2005），杨树生长和生产力的这种广泛的可变性表明，与种植材料的遗传特性不同的一些因素的重要性被低估了，例如受当地气候和土壤影响的场地特性（Bergante et al., 2010）。很多统计方法已经被用来分析多环境试验（MET）数据，以揭示 G×E 相互作用的性能模式。常用的工具包括回归系数、回归方差的平方和、稳定性方差、决定系数、变异系数和加性主效应以及乘法交互作用（AMMI）（Bai et al., 2014）。AMMI 和 biplot 已经成为植物育种者和农业研究者分析和显示多环境轨迹数据的流行工具（Yan et al., 2000a）。因此，有必要加深对气候和场地条件的适应性和稳定性的认识。基因型×环境（G×E）是一种限制，它直接关系到适应性、复杂的生长性能测试和降低整体遗传增益（Nelson et al., 2018）。有许多关于 G×E 和无性系稳定性的研究（Wu, 1997; Sixto et al., 2014; Zhao et al., 2016），文献中杨树无性系与环境相互作用和稳定性的变异性受生长点和无性系种群组成和大小的变化影响（Nelson et al., 2018）。

我国杨树高效培育工作迅速发展，但也存在发展不平衡的主要问题，华北平原、长江中下游平原杨树高效培育已经达到较高水平，定向培育、精准施肥基本已经实现，但对于东北地区来说，研究基础较差，尤其对于半干旱地区，由于特殊气候因素限制，杨树高效培育技术研究较少，偶有研究也只是对某一因素进行探讨，而系统、全面研究还未见报道。本书以东北半干旱地区青杨类杨树优良品系为材料，通过水肥耦合、基质筛选、指数施肥等处理对青杨类杨树无性系生长性状进行探讨，提出最佳水肥耦合处理和施肥方式；对干旱胁迫下青杨类杨树品系的生长、光合、生理指标测定，初步探讨不同品系的抗旱机理；同时对不同立地条件多个品系苗期生长性状进行分析，为适地适树提供理论参考；最后以吉林西部不同密度 38 年生小黑杨为材料，对其生长、木材进行测定分析，探讨吉林半干旱地区杨树最佳栽植密度，为有效利用土地资源提供保障。本书提出东北半干旱地区苗木培育技术体系，可为东北半干旱地区杨树推广和应用提供技术支撑。

第 2 章

水肥调控下 4 个杨树无性系苗期
生长模型构建

　　杨树属于水肥敏感树种（Navarro et al., 2014），缺水和肥是限制杨树生长和最终生物量的关键因素（Zhang et al., 2018），不同生长时期灌水和施肥对杨树生长有显著影响（Böhlenius et al., 2014）。在肥料方面，单株施氮（N）、施磷（P）和钾（K）能提高杨树的林分蓄积（Zhu et al., 2017），而这些肥料的缺少会影响杨树形态、物候和生长速率（Pitre et al., 2007；Elferjani et al., 2013）。对于水分来说，水分亏缺可通过一系列生理过程，例如减少水分通道活性、降低水势等来影响植物生长（Dong et al., 2011）。一般来说，浇水和施肥是杨树高效培育中常见的做法，而不同的处理时间以及肥料种类对杨树生长的影响很大（Zabek et al., 2007）。因此，选择合适的时间以及适宜的水肥量是促进林木生长和高产的重要育种策略（Islam et al., 2018）。

　　数学模型是使用数学概念和语言对某一系统的描述，它可以帮助解释一个系统，研究不同因素的影响，并对行为做出预测。通过数学模型对植物生长过程进行模拟是指导植物施肥和灌水的重要依据（Ogle and Pacala, 2009；Hart et al., 2015）。包括多项式或线性模型等多个模型（Richards, Bertalanffy, Exponential, Lundqvist-Korf 和 Logistic 模型（Martins et al., 2014））已经被利用估计植物的生长特征（例如，直径和高度）。不同树种生长模式不同，模型矫正参数也会随之改变（Avanza et al., 2008），Logistic 模型是林木生长过程评价中较为优秀的模型之一，广泛应用于不同树种的生长性状模拟，由于易于应用，Logistic 模型被认作为描述植物成长阶段最合适的模型（Avanza et al., 2008）。

　　本章对 4 个杨树无性系进行了水肥耦合处理，利用 Logistic 模型对不同无性系生长过程进行模拟，其目的是①比较无性系的生长情况；②构建不同无性系在不同处理条件下的生长模型；③确定最适合不同无性系生长的浇水量和肥料量；④探讨施肥或者灌水时间，最终为东北半干旱地区良种壮苗技术提供一定的理论基础。

2.1　材料与方法

2.1.1　试验材料

试验材料为吉林省选育的白城小黑（XH）、白城小青黑（XQH）、白林 3 号（BL3）和白城 5 号（BC5）等 4 个杨树品种。于 2016 年 4 月 3 日在东北林业大学温室（东经 126°61′、北纬 45°78′，海拔 127 m）（Wang et al., 2016）进行无性扩繁，每个品种扩繁 200 株。将扩繁得到的各无性系植株种植于下底直径、上口直径、高度分别为 17cm、22.6cm 和 25.5cm 的花盆中，基质由土壤、蛭石、珍珠岩、细沙以 2 : 1 : 1 : 1 的比例混合构成。当植株高度生长约为 10cm 时，每个无性系选择高度均匀的 112 株，采用正交试验设计（4 因素，4 个水平，共 16 个处理，具体见表 2-1）进行实验，灌水量和肥料浓度是根据 Zhao（2010）进行设定，各无性系每个处理 7 次重复。每隔 3 天用不同体积的水（300、600、900 和 1200 毫升）进行灌水。于 2016 年 6 月 4 日开始施肥实验，共计 3 次，第二次与第三次分别于 15 天和 30 天后，其中氮肥（CH_4N_2O：0，1，2，和 3g），磷肥（$Ca(H_2OP_4)_2 \cdot H_2O$：0、1.43、2.86 和 4.29g）和钾肥（K_2SO_4：0、0.133、0.266 和 0.399g）分别依据实验设计进行施用。

表 2-1　正交实验设计表

处理	水	氮肥	磷肥	钾肥	处理	水	氮肥	磷肥	钾肥
1	300	0	0	0	9	900	0	8.6	1.2
2	300	3	4.3	0.4	10	900	3	4.3	0.8
3	300	6	8.6	0.8	11	900	6	0	0.4
4	300	9	4.3	1.2	12	900	9	4.3	0
5	600	0	4.3	1.2	13	1200	0	4.3	0.4
6	600	3	0	1.2	14	1200	3	8.6	0
7	600	6	4.3	0	15	1200	6	4.3	1.2
8	600	9	8.6	0.4	16	1200	9	0	0.8

注：水的单位为 ml，氮肥、磷肥、钾肥的单位为 g。

2.1.2　生长性状测定

在处理后的第 18 天（2016 年 4 月 21 日，一年中的第 110 天）分别利用塔尺与游标卡尺测量苗高（H）和地径（BD），之后每 7 天测量一次。BD 测量记录在至 2016 年 9 月 10 日（一年中的第 252 天）止。苗高记录在 7 月 19 日

（一年中的第 200 天）止（植株封顶）。

2.1.3　数据分析

所有数据利用 SPSS（13.0 版）和 OriginPro（8.5 版）软件进行分析。根据 Hansen et al（1997）的方法，通过方差分析（ANOVA）确定无性系在不同时间点的变异情况：

$$y_{ijk} = \mu + \alpha_i + \beta_j + \alpha\beta_{ij} + \varepsilon_{ijk} \tag{2-1}$$

式中：y_{ijk} 表示无性系 i 在处理 j 下的表现，μ 表示总体均值，α_i 表示无性系效应，β_j 表示处理效应，$\alpha\beta_{ij}$ 表示无性系与处理的交互作用，ε_{ijk} 表示随机误差。

采用 Logistic 函数拟合植株年生长曲线，拟合方程（杨斌，2006）为：

$$y = \frac{k}{1 + e^{a-bt}} \tag{2-2}$$

式中：y 表示苗高，t 表示生长期，k 表示利用下面公式计算出的植物年生长苗高的极值（周元满等，2004），a 和 b 表示利用最小二乘法计算得到的参数（周元满等，2004）。

$$k = \frac{y_2^2(y_1 + y_3) - 2y_1y_2y_3}{y_2^2 - y_1y_3} \tag{2-3}$$

式中：y_1、y_2 和 y_3 分别表示 t_1、t_2 和 t_3 三个时间点的相应的苗高，其中 $2t_2 = t_1 + t_3$。

利用公式（2-2）计算方程的二阶导数，当 $d^2y/dt^2 = 0$，则 $t_0 = ab^{-1}$，其中 t_0（快速生长期）为苗高最大生长期。

公式（2-2）的三阶导数计算所下：

$$\frac{d^3y}{dt^3} = b^3 k e^{a-bt}(e^{21na-2bt} - 4e^{a-bt} + 1)(1 + e^{a-bt})^{-4}$$

当 $d^3y/dt^3 = 0$，$e^{2\ln a - 2bt} - 4e^{a-bt} + 1 = 0$ 时，则 $t = [a - \ln(2\pm\sqrt{3})]b^{-1}$。

t_1 和 t_2 计算如下：

$$t_1 = (a - 1.317)b^{-1} \qquad t_2 = (a + 1.317)b^{-1} \tag{2-4}$$

式中：t_1 和 t_2 分别为快速增长期最开始的日期和结束的日期。

t_1 和 t_2 将苗木的生长分为三个阶段，第一阶段（0—t_1）为缓慢生长期，在此期间生长速率逐渐增加；苗木的平均生长率达到的时间点代表第二生长阶段（t_1—t_2），期间苗木的生长速率高于年平均生长速率；当生长速率低于年平均生长速率时，树木生长发育进入第三阶段（t_2—封顶），在此阶段，生长速率逐渐下降，最终达到封顶（刘梦然等，2014）。

当树木生长曲线符合"S"形时，快速增长期和特定的参数对树木的生长极其重要。除了 k，时间点 t_0、t_1 和 t_2 外，还有 RR(快速增长期)，GR(快速增长期内的总增长量)，GD(快速增长期内的日增长量)和 RRA(快速生长期内的总增长率与树木年生长周期内的总增长量的比值)根据生长期内的生长性状进行计算(刘梦然等，2014)。

性状 x 与 y 表型相关系数根据如下公式(Pliura et al., 2007)进行计算：

$$r_{A(xy)} = \frac{\sigma_{a(xy)}}{\sqrt{\sigma_{a(x)}^2 \sigma_{a(y)}^2}} \tag{2-5}$$

式中，$\sigma_{a(xy)}$ 表示 x 和 y 两个性状的表型协方差，$\sigma_{a(x)}^2$ 和 $\sigma_{a(y)}^2$ 分别表示 x 和 y 两个性状的表型方差。

2.2　结果

2.2.1 方差分析

4 个杨树无性系在不同处理下苗高和地径的方差分析结果见表 2-2。所有变异来源苗高和地径差异均达极显著性水平($P<0.001$)。

表 2-2　不同处理 H 和 BD 的方差分析表

性状	变异来源	DF	MS	F	Sig.
	处理	15	16086.15	46.344	0.000
苗高	无性系	3	9062.917	26.11	0.000
	无性系×处理	45	825.779	2.379	0.000
	处理	15	44.633	35.633	0.000
地径	无性系	3	46.737	37.313	0.000
	无性系×处理	45	3.82	3.049	0.000

注：DF、MS、F 和 Sig. 分别表示自由度、均方、方差分析中的 F 值和显著性。

2.2.2　苗高和地径的均值分析

4 个杨树无性系在不同处理下苗高和地径均值分析见表 2-3 和 2-4，不同处理间苗高差异较大，第 3 个处理(300ml 水，2g 氮肥，2.86g 磷肥，0.266g 钾肥)苗高表现最差(155.39cm)，无性系 XH、XQH、BL 和 BC5 的苗高平均值分别为 154.73，146.90，160.74 和 159.21cm。不同处理苗高平均值变化范围为 155.39cm(处理 3)~235.04cm(处理 14)，最高值高出最低值 51.26%。

地径均值分析表明：无性系 1 在处理 10 下表现最佳(19.90mm)，无性系 2 在处理 15 和 13 下最大值为 16.61mm，无性系 3 在处理 15 下表现最佳为 16.88mm，无性系 4 在处理 10 下效果最好为 18.72mm。不同处理条件下地径均值变幅为 13.71mm（处理 1）～17.42mm（处理 10），最大值比最小值高27.06%；处理 15（17.31mm）和处理 14（16.87mm）的 BD 值也较高，分别比最低 BD 值高出 26.25% 和 23.04%。

表 2-3　不同处理下各无性系的苗高平均值

处理	无性系				平均值
	XH	XQH	BL	BC5	
1	163.54±10.28	170.07±13.10	167.19±10.29	163.60±9.54	166.10±10.80
2	172.59±16.39	170.87±16.97	169.61±12.49	167.44±7.65	170.12±13.37
3	154.73±10.51	146.90±7.78	160.74±6.92	159.21±6.92	155.39±8.03
4	166.74±13.23	162.17±8.76	167.83±10.07	168.94±10.16	166.42±10.55
5	173.36±18.60	175.93±15.70	190.14±20.90	185.61±14.25	181.26±17.36
6	221.63±34.73	197.49±10.86	204.23±8.46	197.23±9.81	205.145±15.96
7	200.76±8.25	184.09±14.51	195.66±10.37	193.00±13.79	193.38±11.73
8	214.61±13.27	194.46±12.30	202.26±9.29	203.91±7.26	203.81±20.28
9	173.63±19.80	174.99±30.87	213.09±15.95	204.64±12.83	191.59±19.41
10	258.03±9.00	201.99±30.48	229.30±18.37	237.43±10.72	231.69±26.18
11	218.89±9.20	196.17±22.46	212.91±7.49	214.53±7.88	210.63±13.36
12	216.63±30.19	185.19±22.02	224.61±8.36	214.94±12.98	210.34±18.39
13	195.04±16.42	181.76±17.09	233.13±21.81	209.70±17.60	204.91±16.43
14	233.61±45.15	211.91±33.78	242.90±22.75	251.76±11.08	235.04±19.15
15	224.70±17.99	182.64±22.28	226.79±6.65	233.51±26.61	216.91±17.20
16	217.39±52.28	214.14±21.64	228.87±17.19	216.74±35.27	219.29±23.68

注：树高的单位为 cm。

表 2-4　不同处理下各无性系的地径平均值

处理	无性系				平均值
	XH	XQH	BL	BC5	
1	13.98±0.74	13.40±1.14	13.34±1.08	14.13±0.91	13.71±0.97
2	14.73±1.23	13.82±1.35	13.28±1.04	13.28±1.04	13.78±1.17
3	15.55±0.68	13.93±0.85	13.95±1.03	13.89±0.97	14.33±0.88
4	15.74±1.84	13.89±1.55	13.89±1.23	14.80±1.47	14.58±1.52
5	15.81±1.05	13.30±0.96	15.51±0.73	15.06±1.00	14.92±0.94
6	17.32±1.06	16.30±1.88	15.94±1.30	17.43±1.11	16.75±1.34

（续）

处理	无性系				平均值
	XH	XQH	BL	BC5	
7	17.17±1.49	15.87±0.91	15.94±1.08	16.05±1.58	16.26±1.27
8	16.37±1.50	15.21±0.59	14.09±1.22	15.90±1.20	15.39±1.13
9	15.14±1.75	13.40±1.50	14.49±1.60	16.22±1.17	14.81±1.51
10	19.90±0.94	14.66±1.30	16.39±1.36	18.72±0.63	17.42±1.06
11	17.93±0.53	15.38±2.37	14.26±1.35	17.86±1.08	16.36±1.33
12	18.11±0.71	14.64±2.05	16.35±1.48	17.01±1.00	16.53±1.31
13	16.85±0.85	16.61±1.63	16.30±0.37	15.45±1.14	16.30±0.10
14	16.71±2.42	16.37±1.07	16.78±1.33	17.60±0.56	16.87±1.35
15	18.40±0.63	16.61±1.63	16.88±0.89	17.34±0.91	17.31±1.02
16	17.16±2.71	16.32±1.92	16.33±2.28	16.56±2.60	16.59±2.38

注：地径的单位为 mm。

2.2.3　不同处理条件下各无性系苗高生长模型构建

各无性系苗高生长模型如图 2-1、2-2、2-3、2-4 所示。4 个无性系的拟合曲线均符合"S"型曲线，不同水肥处理下各生长模型拟合系数变化范围为 0.985～0.996（表 2-5），表明利用 Logistic 方程拟合杨树无性系苗高生长节律是可行的。实测苗高平均值最大为 235.05cm，K 值为 240.64cm（处理 14），较苗高平均值最小值（155.40cm，K 值 158.14cm）高 79.65cm（实测值）和 82.50cm（K 值），实测值与 K 值之间的差异范围为 −1.01～ −8.68cm。

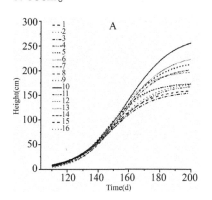

图 2-1　不同处理下 BC5 苗高拟合曲线

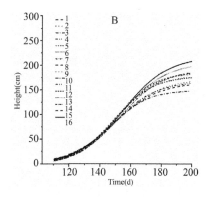

图 2-2　不同处理下 XQH 苗高拟合曲线

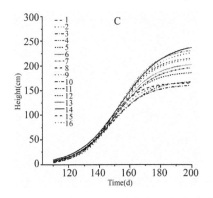

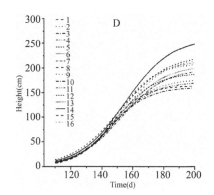

图 2-3　不同处理下 XH 苗高拟合曲线　　　图 2-4　不同处理下 BL 苗高拟合曲线

表 2-5　不同处理各无性系苗高平均值生长模型各参数

T	H	K	a	b	R^2
1	166. 10	165. 09	12. 4265	0. 08475	0. 985
2	172. 26	174. 52	11. 4780	0. 07725	0. 989
3	155. 40	158. 14	12. 0943	0. 08225	0. 990
4	166. 42	171. 48	11. 2563	0. 07575	0. 986
5	181. 26	183. 46	12. 3750	0. 08325	0. 992
6	205. 15	213. 66	11. 1395	0. 07275	0. 995
7	193. 38	200. 27	11. 4738	0. 07525	0. 996
8	203. 81	212. 43	11. 0620	0. 07225	0. 996
9	191. 59	195. 68	12. 7940	0. 08525	0. 995
10	231. 69	240. 37	11. 2730	0. 07275	0. 996
11	210. 63	215. 44	12. 2543	0. 08075	0. 992
12	210. 34	214. 37	11. 4700	0. 07550	0. 986
13	204. 91	209. 38	12. 4298	0. 08275	0. 995
14	235. 05	240. 64	10. 9943	0. 07150	0. 994
15	216. 91	222. 19	12. 0545	0. 07900	0. 996
16	219. 29	223. 33	11. 4078	0. 07450	0. 994

注：T 为处理；H 为平均苗高；k 为苗高预测平均值；a 和 b 为二次函数的系数；R^2 为评价模型有效性的准则。

2.2.4　实测苗高与预测苗高之间的关系

　　H 的实测值与 k 的预测值之间的关系如图 2-5 所示。k 和 H 的线性回归模型为 $k = 1.056H - 6.289$。R^2 值大于 0.98，说明 k 值与 H 值之间存在显著的相关关系。

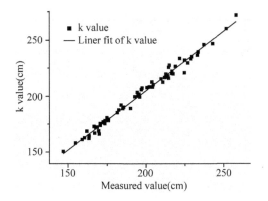

图 2-5 测量值与 k 值之间的相关性

2.2.5 不同处理条件下各无性系苗高生长模型

不同处理下各无性系苗高生长参数见表 2-6 和表 2-7。根据 t_1、t_2 和 t_0 杨树生长过程被划分为 3 个阶段，进入 t_0、t_1 和 t_2 最晚时间分别为 159、140、和 178 天（处理 10，无性系 1），分别高于无性系 3 和无性系 4（处理 1，145 天）、无性系 2（处理 1，130 天）和无性系 3（处理 1，158 天）14 天、10 天、20 天。从无性系平均值来看，在第 10 个处理下 t_0、t_1 和 t_2 最大分别为 155 天、137 天和 173 天，较最小值分别超出 8 天（处理 1、3）、6 天（处理 1、3、4）和 11 天（处理 1）。从速生期持续期（RR）来看，持续时间最长为 40 天（无性系 4，处理 12），较持续时间最短高出 14 天（无性系 3，处理 1）。综合 4 个无性系来看，所有处理中速生期持续时间最长为 37 天（处理 14），比速生期最短的处理（处理 1）高出 6 天。从速生期内苗高生长量来看，生长量最大的是处理 10 下的无性系 1 为 157cm，最小的是处理 3 下的无性系 2，两者相差 70.33cm。从整体平均值来看，最大值（处理 14）与最小值（处理 3）相差 47.64cm。在速生期内生长最快的为处理 11 下的无性系 4，生长速率可以达到每天 4.40cm，超出速生期内生长最慢的 1.88cm（表 2-6）。但所有无性系速生期内苗高生长最快的处理（处理 15）比最慢处理（处理 4）高出 1.1cm（表 2-7）。从生长期生长量占总生长量比值上来看，处理 12 下的无性系 4 最高，为 61.12%，处理 1 下的无性系 2 最少，占总生长量的 56.45%。综合整体来看生长期生长量占总生长量比值变化范围为 57.39~60.17。

表 2-6 不同处理下各无性系苗高生长参数

T	C	t_1	t_0	t_2	RR	GR	GD	RRA	T	C	t_1	t_0	t_2	RR	GR	GD	RRA
1	1	131	148	165	34	93.77	2.75	57.34	9	1	135	149	164	29	101.24	3.49	58.31
1	2	130	149	168	38	96.00	2.52	56.45	9	2	133	150	167	34	104.14	3.11	59.51

（续）

T	C	t_1	t_0	t_2	RR	GR	GD	RRA	T	C	t_1	t_0	t_2	RR	GR	GD	RRA
1	3	132	145	158	26	96.47	3.68	57.70	9	3	137	152	167	30	125.22	4.17	58.77
1	4	131	145	159	28	95.01	3.34	58.08	9	4	134	150	165	32	121.30	3.84	59.27
2	1	132	150	168	36	102.12	2.81	59.17	10	1	140	159	178	39	157.19	4.08	60.92
2	2	131	150	170	39	100.47	2.58	58.80	10	2	135	153	171	35	120.21	3.40	59.52
2	3	133	147	162	29	97.56	3.37	57.52	10	3	137	154	172	35	135.77	3.88	59.21
2	4	131	148	165	34	102.89	3.04	58.48	10	4	136	154	172	36	141.96	3.92	59.79
3	1	131	149	166	35	91.23	2.64	58.96	11	1	137	154	171	34	130.86	3.82	59.78
3	2	131	147	162	31	86.86	2.78	59.13	11	2	135	154	172	37	115.18	3.10	58.72
3	3	131	147	162	31	94.01	3.02	58.49	11	3	136	152	168	32	126.79	3.96	59.55
3	4	130	146	161	31	93.13	2.98	58.49	11	4	134	149	163	28	124.72	4.40	58.14
4	1	133	151	169	36	99.75	2.79	59.83	12	1	137	154	172	35	127.21	3.67	58.72
4	2	130	149	167	37	97.35	2.65	60.03	12	2	134	151	168	34	108.97	3.23	58.84
4	3	132	149	165	33	99.39	2.98	59.22	12	3	135	151	167	32	127.53	3.98	56.78
4	4	130	147	164	34	99.52	2.95	58.91	12	4	131	152	172	40	131.36	3.28	61.12
5	1	132	147	162	31	101.30	3.32	58.44	13	1	134	150	165	31	115.77	3.72	59.35
5	2	132	149	166	34	103.48	3.08	58.82	13	2	134	150	166	32	106.91	3.39	58.82
5	3	134	149	164	30	109.13	3.64	57.40	13	3	137	152	168	32	136.53	4.30	58.57
5	4	133	149	165	33	109.78	3.36	59.14	13	4	135	151	168	33	124.35	3.71	59.30
6	1	138	156	175	37	134.82	3.64	60.83	14	1	137	156	175	38	138.11	3.65	59.12
6	2	134	154	173	39	119.61	3.09	60.56	14	2	135	153	170	35	125.04	3.54	59.00
6	3	134	151	167	33	120.14	3.64	58.83	14	3	136	154	172	37	142.45	3.90	58.64
6	4	134	152	170	37	118.86	3.26	60.27	14	4	136	155	174	38	150.15	3.91	59.64
7	1	138	154	171	33	119.88	3.63	59.71	15	1	137	154	170	33	134.01	4.05	59.64
7	2	135	153	171	36	110.89	3.04	60.24	15	2	133	151	168	35	108.26	3.12	59.28
7	3	134	151	168	34	116.54	3.45	59.56	15	3	137	152	167	30	132.66	4.35	58.50
7	4	134	153	171	37	115.20	3.10	59.69	15	4	135	153	171	36	138.20	3.88	59.18
8	1	138	157	176	38	130.27	3.44	60.70	16	1	137	154	172	35	126.96	3.64	58.40
8	2	133	152	171	37	117.52	3.14	60.44	16	2	136	155	174	38	125.76	3.32	58.73
8	3	134	151	168	34	120.05	3.53	59.35	16	3	137	153	170	34	134.76	4.02	58.88
8	4	135	153	172	37	122.76	3.32	60.20	16	4	135	154	172	36	128.29	3.53	59.19

注：RR 单位为天，GR、GD 单位为 cm，RRA 单位为%。

表 2-7　不同处理下各无性系苗高生长参数平均值

处理	t_1	t_0	t_2	*RR*	*GR*	*GD*	RRA
1	131	147	162	31	95.31	3.07	57.39
2	132	149	166	34	100.76	2.95	58.49
3	131	147	163	32	91.30	2.85	58.77
4	131	149	166	35	99.00	2.84	59.50
5	133	148	164	32	105.92	3.35	58.45
6	135	153	171	36	123.36	3.41	60.12
7	135	153	170	35	115.63	3.30	59.8
8	135	153	171	36	122.65	3.36	60.17
9	135	150	166	31	112.97	3.65	58.96
10	137	155	173	36	138.78	3.82	59.86
11	135	152	168	33	124.39	3.82	59.05
12	134	152	170	35	123.77	3.54	58.86
13	135	150	167	32	120.89	3.78	59.01
14	136	154	173	37	138.94	3.75	59.10
15	135	152	169	33	128.28	3.85	59.15
16	136	154	172	36	128.94	3.63	58.80

注：*RR* 单位为天，*GR*、*GD* 单位为 cm，*RRA* 单位为%。

2.2.6　苗高与模型各参数的相关关系

利用苗高与苗高生长过程各模拟参数进行表型相关分析，结果见表 2-8。除 *GD* 与 *RRA*(0.234)和 *RR* 与 *GD*(-0.097)相关性较弱外，其余指标均达到显著正相关水平。不同指标间相关性变化范围为 -0.097(*GD*×*RR*) ~ 0.998(*GR*×*H*)。苗高与各生长参数间相关性均达到极显著正相关水平，变化范围为 0.448(*H*×*RR*)到 0.998(*H*×*GR*)。

表 2-8　苗高与生长过程参数相关分析表

指标	*H*	t_0	t_1	t_2	RR	GR	GD
t_0	0.795 **						
t_1	0.814 **	0.931 **					
t_2	0.736 **	0.978 **	0.835 **				
RR	0.448 **	0.735 **	0.438 **	0.860 **			
GR	0.998 **	0.819 **	0.824 **	0.767 **	0.490 **		
GD	0.844 **	0.451 **	0.650 **	0.310 *	-0.097	0.816 **	
RRA	0.662 **	0.857 **	0.681 **	0.905 **	0.848 **	0.707 **	0.234

注：*GR* 为苗高增量，** 表示 0.01 水平显著相关，* 表示 0.05 水平显著相关。

2.2.7 最佳水肥组合的选择

各无性系苗高均值随水肥的变化呈现明显的浮动（图2-6、2-7、2-8、2-9）。表现为逐步上升（图2-6），最高值（219.0cm；1200ml水）与最低值（164.5cm；300ml水）极差为54.5cm。当施N量为3.0g时无性系苗高均值最大，为210.51cm较最低值（185.97cm）超出24.54cm（图2-7）；当P肥和K肥不施用时无性系苗高最高分别为200.0cm和201.0cm，较最低值分别超过5.64cm和6.20cm（图2-8、图2-9）。

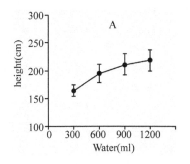
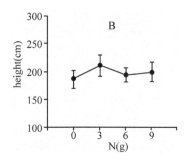

图2-6　不同水分下各无性系的平均苗高　　图2-7　不同N肥下各无性系的平均苗高

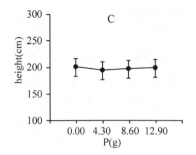
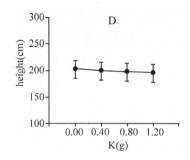

图2-8　不同P肥下各无性系的平均苗高　　图2-9　不同K肥下各无性系的平均苗高

2.3 讨论

方差分析是估算变异程度的重要分析方法，在树木育种中起着重要作用（刘梦然等，2014）。本研究中，不同水肥处理下各无性系间苗高、地径差异均极显著（$P<0.01$），表明测定的生长性状对水肥处理有高度响应。这些结果与Van等（2008）对杂交杨树的研究结果一致，这表明评价和选择最佳灌溉和肥料处理是重要的。

多年来，数学模型一直被应用于描述和评估在田间条件和人工管理下的植物生长阶段（Sharma et al.，2017）。虽然已经有许多模型被提出来模拟植物生长，但 logistic 模型被认为是最适合描述慢-快-慢生长节奏的模型，因为它反映了模型参数在环境、生长周期和高度生长预测方面的意义最大（Avanza et al.，2008）。本研究为利用苗高来估计植物的生长期提供了思路，所有模型在不同水肥处理下均具有高度拟合度，可以有效模拟苗木生长，这些结果与赵曦阳等（2013）的研究结果一致，他们采用相似的模型来描述毛白杨的生长，结果表明 logistic 模型对幼苗生长性状的模拟系数大于 0.9。

不同的生长性状参数（k、t_1、t_0、t_2、RR、GR、GD、RRA）对评价杂交杨树的生长具有重要意义。在生长模型中，参数 k 是至关重要的，与其他参数相比，被认为是一个很好的生长性状预测参数（Herault et al.，2011）。在目前的研究中 k 值与测量的树高相似，这与先前 Herault 等（2011）的研究一致，他们报道了 k 值明显受到所有处理和外在因素的显著影响，这表明该模型是生长轨迹的有效预测因子。我们观察到，在快速生长（t_1）开始后约 20天，不同处理下的所有无性系均出现了快速的苗高增长，平均 17 天后生长速度稳定，这一结果与赵曦阳等（2013）的研究相近，他观察到所有被研究的杨树无性系在快速生长期开始 19 天后表现出树高的快速增长。本研究中 t_2 生长率稳定的最晚时间点为快速生长期 t_1 开始后 37 天，最早时间点为 t_1 开始后 31 天，比赵曦阳等（2013）观测到的最晚时间点早了 27 天，最早时间点早了 7 天，这可能与两项研究中不同植物材料、环境和处理方法有关。

不同处理的日生长量 GD 在 2.84~3.85 之间，高于刘梦然等（2014）的报道，观察到的 GD 最低值和最高值分别为 0.35 和 2.13，而观察到 RRA 值在不同处理下均大于 50%，这与刘梦然等（2014）一致。研究表明，快速生长期对树木生长极为重要，可以在此期间进行灌溉或施肥。所有无性系在不同处理下的生长参数均有显著性差异，这表明本研究结果可作为确定最适宜杨树生长的栽培条件的理论补充。

肥料或灌溉用量的减少导致林木生长显著下降，但过量施用肥料或灌水也可能导致植物死亡（Isebrands et al.，2007）。因此，确定适当的水分或肥料的施用对树木的生长发育是很重要的（Isebrands et al.，2007）。在本研究中，水分的差异对杨树生长的影响最大（图 2-6）。每 3 天灌 1200ml 水是杨树无性系生长最适宜的水分水平。然而，本研究中水分灌溉最高水平是 1200ml，而王琰等（2016）以 1453ml 作为最高灌溉水平，这可能与研究容器大小、基质配比有关，但在未来的研究中也应该考虑更高水平的灌水。施肥方面，施氮对杨树插条生长的影响高于施磷和施钾，这些结果与 Cooke（2005）的研究结果一致，他发现，施氮量对杂交杨树生长、生长速率和物候的影响均大于其他肥料。同样，Guillemette（2008）观察到，N 是杂交杨树人工林中最受限的养分。在本正交试验中,最适宜的处理组合为处理14(水=1200ml,N=3g,P=8.6g,K=0g),此时4个无性系的平均苗高为235.04cm。对于每个无性系来说,处理14最适合无性系BL和BC5,而对于无性系XH和XQH来说,处理10和16在苗高上分别比处理14更为合适。其原因可能是遗传、环境等因素对苗高的影响较大。但是,对于不同的生长参数,每个处理的最佳水平均是水=1200ml,N=3g,P=0g,K=0g。

第 3 章

不同水肥处理下杨树无性系生长性状变异分析

通过第二章的 Logistic 模型估计和讨论，了解不同水肥处理在生长期的苗高、地径差异，此外，对不同水肥处理下杨树无性系的高度和地径的生长期进行了评价和估算，也是设计最优苗期水肥管理策略的必要条件（Hong et al.，2014）。了解不同处理对植物生长响应的其它表型差异也是林木高效培育不可缺少的重要内容（Oguchi et al.，2016），目前的林木培育的焦点主要集中在苗期、纤维材以及大径材培育等方向，水肥耦合一直是不同阶段林木高效培育的重要参考因素（Singh and Sharma，2007）。在这一章，我们对不同水肥处理条件下 4 个杨树品种多个表型进行测定，依据表型变异系数和重复力高低来选择最优的水分和肥料处理，最终利用苗木干重对苗木进行评价，本研究的主要目的是选择最适合杨树无性系的水分和肥料施用量，可为提高杨树良种壮苗提供一定的理论依据。

3.1 材料与方法

3.1.1 植物材料与试验设计

实验材料与实验设计和第二章相同，试验材料为吉林省选育的白城小黑（XH）、白城小青黑（XQH）、白林 3 号（BL3）和白城 5 号（BC5）等 4 个杨树品种。于 2016 年 4 月 3 日在东北林业大学温室（东经 126°61′、北纬 45°78′，海拔 127 m）（Wang et al.，2016）进行无性扩繁，每个品种扩繁 200 株。将扩繁得到的各无性系植株种植于下底直径、上口直径、高度分别为 17cm、22.6cm 和 25.5cm 的花盆中，基质由土壤、蛭石、珍珠岩、细沙以 2∶1∶1∶1 的比例混合构成。当植株高度生长约为 10cm 时，每个无性系选择高度均匀的 112 株，采用正交试验设计（4 因素，4 个水平，共 16 个处理，具体见表 2-1）进行实验，灌水量和肥料浓度是根据赵燕（2010）的实验方法进行设定，各无性系每个处理 7 次重复。每隔 3 天用不同体积的水（300、600、900 和 1200mL）进行灌水。于 2016 年 6 月 4 日开始施肥实验，共计 3 次，第二次与第三次分别于 15 天和 30 天后，其中氮肥（CH_4N_2O；0、1、2、和 3g），磷肥（$Ca(H_2OP_4)_2 \cdot H_2O$；0、1.43、2.86 和 4.29g）和钾肥（K_2SO_4；0、0.133、0.266 和 0.399g）分别依据实验设计进行施用。

3.1.2　生长性状与生物量的测定

2016 年 9 月 10 日，用塔尺和游标卡尺测量各无性系各单株的苗高（H）、地径（BD），同时根据叶痕对叶片数量（LN）进行调查。7 月中旬对各单株的 3 片叶片（从茎顶端开始第 5~7 片叶子）进行拍照（旁边用硬币作为对照），利用 CAD 软件测量叶片长度（LL）、叶片宽度（LW）和叶片面积（LA）。2016 年 11 月 10 日，将所有苗木从花盆中取出，冲洗掉土壤，然后将根与茎分开。茎被切成 30cm 长度的茎段后将根和茎放在 90℃的烘箱中进行干燥，直到重量稳定（30h 左右），然后通过分析天平分别对每个植株的根干重（RDW）和茎干重（SDW）进行称重。

3.1.3　净光合速率和叶绿素含量测定

于 7 月中旬上午 9:00—11:30 利用便携式光合系统（Licor-6400，Nebraska，USA）和 SPAD-502 便携式叶绿素测定仪分别测定了所有植株的净光合速率（Pn）和叶绿素含量（Chl）。每个处理每个植株 3 个叶片（从茎顶端开始第 5~7 片叶子），测定时间均为上午 9:30—11:30。

3.1.4　数据分析

所有数据利用 SPSS（13.0 版）软件进行分析。根据 Hansen 等（1997）的方法，通过方差分析（ANOVA）确定无性系在不同处理条件下的变异情况：

$$y_{ijk} = \mu + \alpha_i + \beta_j + \alpha\beta_{ij} + \varepsilon_{ijk} \tag{3-1}$$

式中：y_{ijk} 表示无性系 i 在处理 j 下的表现，μ 表示总体均值，α_i 表示无性系效应，β_j 表示处理效应，$\alpha\beta_{ij}$ 表示无性系与处理的交互作用，ε_{ijk} 表示随机误差。

性状 x 与 y 表型相关系数根据如下公式（Pliura et al., 2007）进行计算：

$$r_{A(xy)} = \frac{\sigma_{a(xy)}}{\sqrt{\sigma_{a(x)}^2 \sigma_{a(y)}^2}} \tag{3-2}$$

式中，$\sigma_{a(xy)}$ 表示 x 和 y 两个性状的表型协方差，$\sigma_{a(x)}^2$ 和 $\sigma_{a(y)}^2$ 分别表示 x 和 y 两个性状的表型方差。

表型变异系数采用如下公式进行计算（Hui et al, 2016）：

$$PCV = \frac{SD}{\overline{X}} \times 100\% \tag{3-3}$$

式中，SD 和 $\overline{X}$ 分别表示表型的标准差和均值。

3.2 结果与分析

3.2.1 方差分析

不同处理下无性系间 H、BD、LN、LL、LW、LA、SDW、RDW、Chl、Pn 的方差分析结果见表 3-1。不同处理、无性系，及其相互作用之间的效应均存在显著差异($P<0.01$)。

表 3-1　不同处理、无性系及其相互作用间不同性状的方差分析表

变异来源		H	BD	RDW	SDW	LN	LA	LW	LN	Chl	Pn
处理	DF	15	15	15	15	15	15	15	15	15	15
	MS	16086.2	44.633	6119.14	126.06	640.307	16.338	18.383	4347.43	2722.82	375.784
	F	46.34	35.63	51.1	6.75	36.64	20.37	23.71	17.42	146.467	77.597
	Sig	***	***	***	***	***	***	***	***	***	***
无性系	DF	3	3	3	3	3	3	3	3	3	3
	MS	9062.92	46.737	4668.01	331.377	384.839	16.352	6.513	1322.56	321.137	33.351
	F	26.11	37.31	38.98	17.74	22.02	20.39	8.4	5.3	17.275	6.887
	Sig	***	***	***	***	***	***	***	***	***	***
无性系×处理	DF	45	45	45	45	45	45	45	45	45	45
	MS	825.779	3.82	295.366	51.663	36.19	2.918	2.173	476.079	50.98	18.274
	F	2.38	3.05	2.47	2.77	2.07	3.64	2.8	1.91	2.742	3.77
	Sig	***	***	***	***	***	***	***	***	***	***

注：DF、MS、F、Sig. 分别代表自由度、均方、F 检验和显著性检验；*** 表示差异极显著。

3.2.2 不同处理下不同生长性状的均值

不同处理下杨树无性系不同性状的平均值见表 3-2 和表 3-3。14 号处理下平均 H 最高值(235.05cm)，比最低值(155.40cm)在 3 号处理下高出 79.65cm。在不同因素和水平下，H 的最高平均值为 219.04cm(水分，1200ml)，比最低平均值 164.90cm(水分，300ml)高出 54.14cm。15 号处理下杨树无性系的 BD、LN、SDW、LL 和 LW 的最高平均值(17.98mm、61 片、69.00g、13.58mm 和 14.27mm)，分别比最低平均值(14.21mm、48 片、23.77g、10.25mm 和 10.52mm)高出 3.77mm、13 片、45.23g、3.33mm 和 3.75mm。水分处理中(1200ml)，BD、LN、SDW、RDW、LW 的平均值最高(17.4mm、59 片、19.50g、13.20g、13.20mm)，分别比最低值高 2.80mm、

表 3-2　不同处理下各杨树无性系不同性状的平均值和标准差

处理	H	BD	LN	SDW	RDW	LL	LW	LA	Chl	Pn
1	166.10±10.64	14.21±0.69	48±3.63	23.77±4.00	7.00±1.24	10.38±0.57	10.67±0.55	80.17±14.28	42.315±0.88	16.775±0.49
2	171.71±12.95	14.66±1.21	51±3.37	31.70±5.91	8.62±2.03	10.38±0.76	10.99±0.99	105.58±19.69	66.947±0.88	14.146±0.50
3	155.40±9.45	14.75±1.12	49±2.58	26.78±3.94	9.21±1.77	11.02±0.99	11.48±0.77	97.92±13.63	67.013±0.86	12.696±0.49
4	166.42±10.41	14.97±1.46	51±3.77	31.51±5.18	10.44±2.36	11.11±0.96	11.30±0.71	103.00±11.48	67.969±0.90	10.958±0.48
5	181.26±17.97	15.32±0.82	51±4.18	31.69±5.13	13.74±3.97	10.25±0.78	10.52±1.11	77.58±10.86	37.474±0.90	16.129±0.44
6	204.67±13.95	17.18±1.30	59±4.22	50.18±6.89	11.40±3.82	11.83±1.42	12.28±0.97	115.25±14.37	61.678±0.91	16.458±0.47
7	193.37±12.88	16.63±1.17	58±3.57	43.38±6.72	11.83±2.23	12.23±1.61	12.47±0.87	94.67±14.79	64.923±0.87	22.369±0.44
8	203.81±12.54	15.79±1.19	58±3.09	44.71±6.91	12.57±3.35	12.13±1.36	12.48±1.15	100.75±15.82	59.936±0.90	23.143±0.42
9	191.59±28.66	14.76±1.49	50±5.85	35.40±10.26	13.12±6.57	10.46±1.02	11.16±1.23	72.25±12.92	38.403±0.92	18.429±0.42
10	231.69±27.27	17.76±2.09	61±4.78	64.13±18.53	13.21±6.86	12.70±1.75	13.04±1.37	110.92±16.63	56.764±0.86	17.759±0.42
11	210.62±15.31	16.98±1.68	60±4.09	53.80±12.88	14.29±4.32	12.48±1.46	13.02±0.98	122.25±12.86	58.298±0.85	23.710±0.41
12	210.34±24.41	16.87±1.46	58±6.18	51.85±14.96	11.60±6.18	12.97±1.21	13.24±1.51	115.67±18.27	57.131±0.97	22.714±0.42
13	204.91±26.00	17.07±0.88	54±4.91	41.11±10.93	11.97±4.38	10.41±0.60	10.90±1.06	76.00±10.15	35.368±0.92	16.429±0.43
14	235.05±32.81	17.31±1.06	61±6.11	66.74±22.86	12.38±7.02	13.12±1.67	13.95±1.35	102.00±37.44	52.044±0.86	19.351±0.42
15	216.91±27.68	17.98±1.25	61±6.32	69.00±20.74	14.13±6.24	13.58±1.07	14.27±1.03	121.33±26.22	57.228±0.86	18.357±0.42
16	219.29±32.97	17.28±1.97	59±5.94	61.54±23.56	14.18±8.59	12.96±1.98	13.71±1.56	136.42±19.37	56.193±0.92	23.881±0.43

注：H 的单位为 cm，BD、LL、LW 的单位为 mm，LN 单位为个，LA 的单位为 cm^2，SDW 和 RDW 的单位为 g，Chl 的单位为 SPAD，Pn 的单位为 μmol·m^{-2}·s^{-1}。下同。

表 3-3 不同处理因子及水平下杨树无性系不同性状的平均值和标准差

因子	水平	H	BD	LN	SDW	RDW	LL	LW	LA	Chl	Pn
水分	300	164.9±10.86	14.6±1.12	50±14.28	4.78±4.76	8.81±1.85	10.72±0.82	11.11±0.76	96.64±14.77	61.1±0.88	13.64±0.49
	600	195.81±14.34	16.3±1.12	56±15.71	6.4±6.41	12.38±3.34	11.61±1.29	11.93±1.02	97.11±13.96	56±0.90	19.52±0.44
	900	211.06±23.91	16.6±1.68	57±17.10	14.16±14.16	13.1±5.98	12.15±1.36	12.62±1.27	105.27±15.17	52.65±0.90	19.75±0.41
	1200	219.04±29.87	17.4±1.29	59±17.69	19.5±19.52	13.20±6.56	12.51±1.33	13.2±1.25	113.44±23.29	50.21±0.89	20.19±0.43
N 肥	0	185.965±20.88	15.34±0.97	51±15.14	7.58±7.58	11.46±4.04	10.38±0.75	10.81±0.99	76.5±12.05	38.68±0.91	16.37±0.45
	3	210.78±21.75	16.7±1.42	58±17.18	13.55±13.54	11.4±4.93	12.01±1.40	12.57±1.17	108.42±22.03	58.62±0.88	17.11±0.45
	6	194.075±16.33	16.6±1.31	56±16.62	11.07±11.07	12.37±3.64	12.33±1.29	12.81±0.91	109.04±16.88	61.49±0.86	19±0.44
	9	199.96±20.08	16.2±1.52	57±16.92	12.65±12.65	12.2±5.12	13.04±1.38	12.68±1.23	113.96±16.24	61.53±0.93	19.36±0.44
P 肥	0	200.17±18.22	16.4±1.41	57±16.85	11.83±11.83	11.72±4.49	11.91±1.36	12.42±1.02	113.52±15.22	54.79±0.89	18.16±0.45
	4.3	195.06±20.75	16.2±1.19	55±16.58	11.69±11.69	12.02±4.60	11.76±0.96	12.26±1.16	105.02±18.76	55.28±0.91	18.41±0.44
	8.6	196.46±20.87	15.7±1.22	54±16.13	10.99±10.99	11.82±4.67	11.68±1.26	12.28±1.13	97.73±19.95	54.22±0.90	19.02±0.44
	12.9	199.09±19.14	16.6±1.40	56±16.29	10.34±10.34	11.86±3.96	11.61±1.23	11.93±1.00	96.15±13.27	56.02±0.87	16.2±0.44
K 肥	0	201.22±20.19	16.3±1.10	56±16.75	12.14±12.13	10.7±4.17	12.16±1.27	12.58±1.07	102.68±21.20	53.94±0.90	20.41±0.44
	0.4	197.76±16.70	16.1±1.24	58±16.69	9.16±9.15	11.86±3.52	11.35±1.05	11.85±1.05	101.13±14.63	55.61±0.89	18±0.44
	0.8	196.91±21.92	16.3±1.50	55±16.33	12.79±12.79	12.56±5.23	11.73±1.38	12.19±1.20	105.71±15.12	54.34±0.89	16.49±0.45
	1.2	194.89±20.18	16.2±1.38	55±16.59	10.77±10.76	12.27±4.75	11.75±1.12	12.25±0.99	102.96±16.25	56.43±0.90	16.91±0.45

9 片、14.72g、4.40g、2.09mm。各生长性状的平均值随水分的增加而增大。施 N 处理下(9.00g)的 *LL* 和 *LA* 平均值最高，分别为 13.04mm 和 113.96cm²，分别高于最低值 2.66mm 和 37.46cm²。在不同施肥处理中，氮肥对生长性状和叶片性状的影响最大。叶绿素含量和净光合速率的最大值分别为 67.96SPAD 和 23.88μmol·m⁻²·s⁻¹(4 号和 16 号处理)比最小值 35.36SPAD 和 10.96μmol·m⁻²·s⁻¹(13 号和 4 号处理)分别高出 32.60SPAD 和 12.92μmol·m⁻²·s⁻¹。在不同处理条件下，施 N 处理(9.00g)的叶绿素含量平均值最高(61.53SPAD)高出最低值 22.85SPAD。在水分处理(1200ml)下，净光合速率最大平均值(20.19μmol·m⁻²·s⁻¹)高出最低值 13.64μmol·m⁻²·s⁻¹。

3.2.3 遗传变异参数

不同处理下各无性系不同性状的遗传变异参数见表 3-4。生长性状和叶片性状的表型变异系数均超过 10%，表现较高的性状为 *SDW* 和 *RDW*，分别为 44.4% 和 42.3%，分别高出表现最低的叶绿素含量(8.9%)34.55% 和 33.4%。在生长性状中，*H* 的表型变异系数最高(15.9%)，高出最低 *BD*(11.2%)4.7%。在叶片性状方面，所有性状的表型变异系数变化范围为 11.8%(*LN*)～24.6%(*LA*)。生理指标中，*Pn* 的表型变异系数较高(14.3%)，高于最低 *Chl*(8.9%)5.4%。各处理的重复力变化范围为 0.811～0.974。

表 3-4 不同处理下各无性系的平均值、变化范围、表型变异系数和重复力

性状	average	SD	Range	PCV	R
H	197.70	31.34	120.00～288.00	15.9	0.962
BD	16.22	1.81	11.30～20.83	11.2	0.973
LN	55.62	6.54	34.00～78.00	11.8	0.955
SDW	45.38	19.19	10.34～100.31	44.4	0.974
RDW	11.85	5.27	0.23～30.37	42.3	0.944
LL	11.75	1.66	8.30～16.10	14.2	0.951
LW	12.22	1.61	8.40～17.00	13.1	0.881
LA	103.11	25.33	54.00～170.00	24.6	0.811
Chl	54.99	4.9	30.80～81.20	8.9	0.941
P_n	19.53	2.8	7.31～27.91	14.3	0.854

3.2.4 相关系数

4 个杨树无性系在不同处理下各测定指标的表型相关系数见表 3-5。*H* 与 *BD* 呈极显著正相关(0.893)，除 *H* 和 *BD* 与 *Chl*(-0.116、0.064)外，其他生长性状与叶片性状、生理指标均呈显著正相关。叶片性状与生长性状呈

显著正相关（0.538~0.988），但 LA 与 RDW 相关性较弱（0.333）。生理性状方面，除 Pn 与 LA（0.394）和 Chl（−0.059）之外，Pn 与其他各性状之间均达显著正相关（0.507~0.646）。另外，Chl 除与 LA（0.600）外，Chl 与其他各性状均未达到显著正相关。

表 3-5　不同处理下不同生长性状的相关分析

	H	BD	LN	SDW	RDW	LL	LW	LA	Chl
BD	0.893**								
LN	0.903**	0.927**							
SDW	0.939**	0.924**	0.942**						
RDW	0.714**	0.673**	0.656**	0.688**					
LL	0.770**	0.805**	0.902**	0.903**	0.538*				
LW	0.796**	0.806**	0.894**	0.928**	0.560*	0.988**			
LA	0.552*	0.624*	0.734**	0.743**	0.333	0.829**	0.841**		
Chl	−0.116	0.064	0.248	0.120	0.193	0.384	0.341	0.600**	
Pn	0.637**	0.507*	0.646**	0.556**	0.561*	0.616**	0.612**	0.394	−0.059

注：** 表示在 0.01 水平上极显著相关，* 表示在 0.05 水平上显著相关。

3.2.5　最佳水肥处理

各无性系在不同水肥处理条件下的 SDW 平均值如图 3-1、3-2、3-3 和 3-4 所示。不同水分处理下 SDW 的最大平均值 59.60g（1200ml）比最小平均值 28.44g（300ml）高出 31.16g。不同 N、P 和 K 肥处理下 SDW 的最高平均值为 53.20g（N：1g）、47.30g（P：0g）和 46.50g（K：0g）分别高出 SDW 的最低平均值 32.90g（N：0g）、43.40g（P：2.86g）和 42.80g（K：1.33g）20.30g、3.90 和 3.70g。

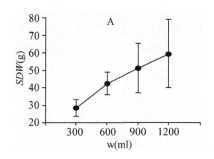

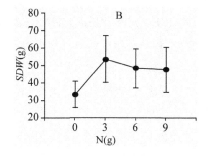

图 3-1　不同水分下各无性系的平均 SDW　　图 3-2　不同 N 肥下各无性系的平均 SDW

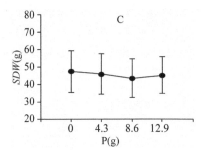
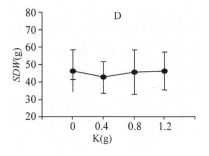

图 3-3 不同 P 肥下各无性系的平均 SDW　　图 3-4 不同 K 肥下各无性系的平均 SDW

3.3 讨论

方差分析是了解和估计变异程度的最重要方法，在树木育种中起着重要作用（Liang et al.，2017）。本研究中，不同水肥处理下各无性系之间存在极显著差异（$P<0.01$），表明不同处理下各无性系之间的生长性状存在差异。这些结果与 Vanden 等（2003）报道的美洲山杨生长性状受不同水肥处理显著影响的结果一致。结果表明，研究杨树生长的最佳水分处理具有重要意义。

除 Chl 平均值随水分处理水平的增大（300～1200ml）而降低（61.01～50.26）外，其余各性状的平均值均随水分处理水平的增大而升高，这可能与杨树生长期生理特征对水分敏感有关。这一结果与 Schlemmer（2005）的研究结果一致，漫灌导致植物叶片衰老，叶绿素含量降低。在八担杏中也得到过同样的结果，随着水分处理的提高，生长性状增大，叶绿素含量降低（Yili et al.，2017）。养分是生产健康植物最重要、最容易控制的因素（Stevenson，1982）。在我们的研究中，生长性状（H、BD、SDW 和 RDW）和叶片性状（LN、LL、LW 和 LA）在 N 肥处理下的效应要明显高于 P 肥和 K 肥。这一结果与 Guillemette and Desrochers（2008）的研究结果一致，他们观察到 N 肥是杂交杨树人工林中最重要的养分之一。在生理性状方面，N 肥含量对叶绿素含量和净光合速率也最有效，与 Blackmer（1995）报道中叶绿素含量与 N 肥用量的相关性更强基本一致。这些生长性状、叶片性状的变化并不能解释为 N 肥比 P 和 K 肥更重要，但施 N 肥能促进生长，施氮量能维持杨树的生长，不存在氮素浪费和稀释现象。因此，杨树插条在土壤中具有较高的氮素有效性，能够吸收更多的氮素，导致生长得更好。

描述育种种群变异程度最常用的参数是表型变异系数（Zhao et al.，2015）。因此，更好地了解这些参数是有效利用遗传资源的关键（Bogdan et al., 2004)。在本研究中，所有性状表型变异系数的变化范围为 8.9%(*Chl*) ~ 44.4%(*SDW*)，除 Chl 外，所有性状的表型变异系数均超过 10%，表明不同处理条件下，各指标变异系数较高。重复力表明基因型可以通过表型来可靠识别(Zhao et al., 2015)。本研究中各性状的重复力在 0.811(*LA*) ~ 0.974 (*SDW*)之间，与 Kien 等(2008)和 Zhao 等(2015)对杨树无性系的研究结果基本一致。高变异系数、高重复力，表明杨树无性系最佳水肥处理的选择是有效的。

相关系数是育种策略中一个重要的统计分析参数，它揭示了不同性状之间的相关程度(Hui et al., 2016)。本研究中所有生长性状之间均存在显著的相关性，与其他杨树的相关报道相似(赵曦阳等，2012)，表明这些性状与树木生长发育密切相关。叶绿素含量与除叶片面积外的所有生长性状相关性较弱，与 Jiang(2000)的研究结果一致，表明叶片面积对叶绿素含量影响较大。净光合速率与叶片面积和叶绿素含量之间的关系很弱，这一结果与 Morinaga and Ikeda(1990)的研究结果相似，但与 Zhao(2015)所报道的净光合速率和叶片面积呈显著正相关的研究结果相反，其原因可能是其他因素对净光合速率的影响更大。叶片数量与苗高高度相关，说明随着苗高的增加叶片数量也随之增加，这一结果与 Correia 等 (2017)研究相似，在他们的研究中苗高与叶片数量呈极显著正相关。茎干重与除叶绿素含量之外的其他所有性状(苗高、地径、叶片数量、叶片长度、叶片宽度、叶片面积、根干重、净光合速率)均有较强的相关系数，这一结果与 Faustino 等(2013)的研究结果一致，茎干重与其他生长性状在生长前期的高相关系数表明，选择茎干重来评价最佳水肥处理是有效的。

最佳灌溉和施肥的性能评价被认为是更好地管理水肥的一个重要研究内容(Kumar et al., 2017)。了解适宜的水分灌溉量和肥料施用量是获得高生产量的一个重要因素(Lasa et al., 2016)。在本研究中，不同处理不同无性系的各性状值不同，苗木生长性状受水分的影响最大。每 3 天灌溉水分 1200ml，除叶绿素含量外，其余性状均有显著提高，说明该水平的水分更适合杨树早期生长。本实验设计的最高灌溉量为 1200ml，而 Wang 等 (2016)以 1453ml 为最高灌溉量，这可能与容器大小、树种等因素有关，本研究设计的最大值仅为 1200ml，在日后的研究中应测试更高的灌溉水平。

在各种肥料中，氮、磷、钾肥对植物生长有重要作用，长期以来氮肥一直被认为是提高生产力最关键的元素(Wilson et al., 2013)。在本研究施肥方面，N 素对大部分性状的影响强于 P 和 K。Lazdina(2014)和 Singh(2001)

的报道中也表明，与 P、K 相比，N 在对植物生长前期影响更大，进一步说明了 N 的重要性。在本正交试验中，最适宜的处理为 15 号（水分 = 1200ml，N = 2g，P = 1.43g，K = 0.399g），4 个无性系的平均 SDW 为 69.00g。但在不同因素下，各处理的最佳水平为水分 = 1200ml，N = 1g，P = 0g，K = 0g。

第4章

指数施肥对不同杨树无性系苗期生长的影响

氮素是影响林木生长发育的主要因素（Canovas et al., 2018）。通过氮素利用效率的提高来增加人工林林木生物量是现阶段林木培育的重要方法和手段（Castro-Rodríguez et al., 2017）。不同生长时期氮肥对植物生长性状、叶片性状和生理性状的影响被广泛地研究（Cooke et al., 2005；Wu et al., 2008；Yu et al., 2010）。在生长性状方面，施氮可以通过加快落叶松生长速率、累积生物量来促进生长（Li et al., 2016）。在生理性状方面，氮是植物体内核酸、叶绿素蛋白和大部分次生代谢物的重要组成成分（Luo et al., 2013a），氮在光合作用和细胞能量转移等生理过程的酶活性中起着关键作用（Güsewell, 2004）。

指数施肥是根据稳态营养理论发展起来的施肥技术，即以与植物生长的速率几乎相等的速率提供养分，它是呈指数递增的（郝俊颖, 2010）。指数施肥是根据植物生长需要以指数来添加肥料，这样既能满足植物不同生长时期所需要的养分，又能节省肥料，避免多余肥料对土壤污染，对林木良种壮苗意义重大（李素艳, 2003）。本研究以4个杨树品种为材料，对其进行指数施肥与常规施肥，探讨指数施肥对苗木生长的效果，为东北地区杨树良种壮苗提供理论依据。

4.1　材料与方法

4.1.1　试验材料与试验方法

试验材料为2002年吉林省选育的优良品种白城小黑（XH）、白城小青黑（XQH）、白林3号（BL3）和白城5号（BC5）。于2018年5月3日，在东北林业大学温室内进行栽培，扦插苗栽于下底直径17cm，上顶直径22.6cm，高25.5cm的花盆中。本试验采用随机完全试验设计，3个处理，指数施肥（T1）、常规施肥(T2)和不施肥对照(CK)，每个无性系 20 个单株。根据第三章研究结果确定施氮量为 6 克 CH_4N_2O 形式的氮。具体施肥方式与时间见表 4-1。

表 4-1 施肥处理表
g

时间(天)	T1(N)	T2(N)	CK
20	0.387	3	–
30	0.534	–	–
40	0.739	–	–
50	1.017	3	–
60	1.397	–	–
70	1.924	–	–
total	6	6	0

4.1.2 不同性状测定

在温室种植(2018 年 5 月 3 日)后 7 个时间点(第 30、37、42、67、87、118 和 177 天)分别用直尺和游标卡尺测定苗高(H)和地径(BD)。扦插后第 100 天(处理完第 30 天)对各实验苗木第 5~7 轮叶片进行照片采集，测定单个叶片长度、宽度和叶面积，同时对相应叶片测定净光合速率 Pn 和叶绿素 Chl 含量。叶片净光合速率在上午 9:30~11:30 之间进行测定，测定时光照强度设定为 $1\,000\mu mol \cdot m^{-2} \cdot s^{-1}$，$CO_2$ 浓度设定为 $400\mu mol \cdot mol^{-1}$，其他环境因子没有特别控制；叶绿素含量利用 SPAD 502 叶绿素含量测定仪测定；于种植后第 177 天对所有单株进行取样，把各单株分成茎、叶、根等三部分，分别在 90℃的烘箱中进行干燥，直至重量稳定(30h 左右)，然后通过分析天平分别对各植株的茎干重(SDW)、叶干重(LDW)和根干重(RDW)进行称重。

4.1.3 数据分析

所有统计分析均采用 SPSS(13.0 版)进行分析。根据 Hansen 等(1997)的方法，通过方差分析(ANOVA)确定无性系在不同处理条件下的变异情况：

$$y_{ijk} = \mu + \alpha_i + \beta_j + \alpha\beta_{ij} + \varepsilon_{ijk} \tag{4-1}$$

式中，y_{ijk} 表示无性系 i 在处理 j 下的表现，μ 表示总体均值，α_i 表示无性系效应，β_j 表示处理效应，$\alpha\beta_{ij}$ 表示无性系与处理的交互作用，ε_{ijk} 表示随机误差。

不同性状的表型变异系数(PCV)和遗传变异系数(GCV)分别利用如下公式进行计算(liu et al., 2015)：

$$PCV = \frac{\sqrt{\sigma_P^2}}{\overline{X}} \times 100 \tag{4-2}$$

式中，σ_P^2 和 $\overline{X}$ 分别表示表型方差分量和某一性状均值。

$$GCV = \frac{\sqrt{\sigma_G^2}}{\overline{X}} \times 100 \qquad (4\text{-}3)$$

式中，σ_G^2 和 $\overline{X}$ 分别表示遗传方差分量和某一性状均值。

两个性状表型相关系数根据以下公式计算（Li et al., 2017）：

$$r_{A(xy)} = \frac{\sigma_{A(xy)}}{\sqrt{\sigma_{A(x)}^2 \sigma_{A(y)}^2}} \qquad (4\text{-}4)$$

式中，$\sigma_{A(xy)}$ 表示性状 x 和 y 的表型协方差，$\sigma_{A(x)}^2$ 和 $\sigma_{A(y)}^2$ 分别表示性状 x 和性状 y 的表型方差分量。

重复力（R）根据以下公式进行计算（Yin et al., 2017）：

$$R = 1 - \frac{1}{F} \qquad (4\text{-}5)$$

式中，F 为方差分析中的 F 值。

4.2 结果

4.2.1 方差分析

对不同处理下各性状进行方差分析，结果见表 4-2。苗高、叶片数量、叶片宽度、净光合速率、叶绿素含量等测定指标在无性系间、处理间以及二者交互作用间差异均达显著水平；叶面积、叶片长度、茎干重和叶干重等在无性系间、处理间差异均达显著水平；地径和根干重只有在处理间差异达显著水平。

4.2.2 不同处理下各性状的均值

不同处理下各性状的平均值见表 4-3。除生理性状（Pn 和 Chl）外，其余性状的 T$_2$ 处理平均值最高，CK 的平均值最低。生长性状中，T$_2$ 处理 H 和 BD 的平均值最高，分别为 220.11cm 和 18.74mm，比 CK 分别高出 74.01cm 和 5.7mm。叶片性状中，T$_2$ 处理 LN、LA、LL 和 LW 的平均值最高分别为 67 个、101.73cm^2、11.22cm 和 12.34cm，比 CK 分别高出 22 个、55.29cm^2、3.22cm 和 3.95cm，比 T$_1$ 处理分别高出 3 个、10.09cm^2、0.11cm 和 0.53cm。处理 T$_1$ 条件下的净光合速率和叶绿素含量的平均值最高为 22.10μmol·m^{-2}·s^{-1} 和 45.93SPAD 分别高于 CK 以 6.44μmol·m^{-2}·s^{-1} 和 11.84SPAD，高于处理 T$_2$ 2.11μmol·m^{-2}·s^{-1} 和 7.6SPAD。对于生物量来说，2 号处理下 SDW、RDW 和 LDW 平均值均较高为 18.56g，2.41g 和 16.79g，分别比最低值（8.45g、1.36g 和 8.14g）高出 10.11g、1.05g 和 8.65g。

表 4-2 不同处理下各性状的方差分析

变异来源		BD	H	LN	LA	LL	LW	Pn	Chl	SDW	RDW	LDW
无性系	DF	3	3	3	3	3	3	3	3	3	3	3
	MS	4.143	5935.475	373.386	844.779	34.369	7.715	103.079	679.049	40.589	1.104	243.657
	Sig	NS	**	**	**	**	**	**	**	**	NS	**
处理	DF	2	2	2	2	2	2	2	2	2	2	2
	MS	429.801	70551.758	6181.408	32297.920	326.528	181.810	363.961	2651.040	265.979	4.800	150.339
	Sig	**	**	**	**	**	**	**	**	**	**	**
无性系×处理	DF	6	6	6	6	6	6	6	6	6	6	6
	MS	3.945	1839.025	93.219	206.302	2.979	1.671	60.053	291.009	5.816	0.212	11.112
	Sig	NS	**	*	NS	NS	*	**	**	NS	NS	NS

注：H、BD、LN、LL、LW、LA、LDW、SDW、RDW、Chl 和 Pn 分别表示树高、地径、叶片数目、叶片长度、叶片宽度、叶片面积、叶干重、茎干重、根干重、叶绿素含量和净光合速率。DF、MS、F 分别表示自由度、均方、F 检验中的 F 值。** 表示极显著著水平，* 表示显著著水平，NS 表示不显著。

表 4-3　不同处理下各性状的平均值

Traits	CK	T1	T2
H	146. 10±18. 94	218. 46±18. 43	220. 11±22. 04
BD	13. 04±1. 07	18. 71±1. 37	18. 74±1. 71
LN	45. 00±5. 88	64. 00±6. 38	67. 00±5. 28
LA	46. 44±8. 21	91. 64±11. 65	101. 73±14. 61
LL	8. 00±0. 63	11. 11±1. 00	11. 22±2. 19
LW	8. 39±0. 90	11. 81±0. 95	12. 34±0. 93
Pn	15. 66±4. 11	22. 10±3. 94	19. 99±3. 47
Chl	34. 09±3. 26	45. 93±10. 44	38. 33±7. 16
SDW	8. 45±1. 54	17. 77±3. 46	18. 56±2. 8
RDW	1. 36±0. 58	2. 41±0. 79	2. 41±0. 72
LDW	8. 14±2. 30	16. 05±5. 62	16. 79±4. 98

注：*H* 和 *BD* 的单位分别是 cm 和 mm；*LL*、*LW* 和 *LA* 的单位分别是 cm，cm 和 cm^2；*LDW*、*SDW* 和 *RDW* 的单位是 g；而 *Pn* 和 *Chl* 的单位分别是 μmol·m^{-2}·s^{-1} 和 SPAD。

4.2.3　不同时间点指数施肥对苗高和地径的影响

不同时间点各施肥方式杨树苗高和地径生长趋势见图 4-1 和图 4-2。从第 30 到 42 天，所有无性系苗高和地径平均值分别为 11.04～22.39cm 和 2.56～2.98mm；在第 42 天到 118 天，平均 *H* 在 T$_1$、T$_2$ 和 CK 条件下分别从 22.39cm 增加到 207.69cm、22.39cm 增加到 209.78cm 和 22.39cm 增加到 144.48cm，平均 BD 分别从 2.98mm 增加到 17.20mm、2.98mm 增加到 17.44mm、2.98mm 增加到 12.03mm。在 118 天到 177 天，*H* 和 *BD* 在不同处理和对照下都略有增加。CK 与 T1、T2 的多重比较均值在各时间点间差异显著，而 T1 和 T2 的多重比较均值在大部分时间点间差异不显著。

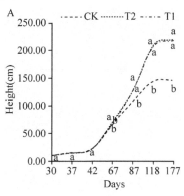

图 4-1　不同时间点不同处理
苗高的多重比较

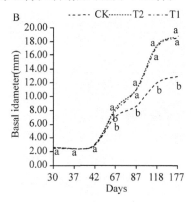

图 4-2　不同时间点不同处理
地径的多重比较

注：A、B 分别为各时间点上所有无性系的平均苗高和地径，*a*、*b* 为各时间点 CK、T1、T2 多重比较。

4.2.4 变异系数和重复力

遗传变异系数(GCV)、表型变异系数(PCV)、重复力(R)见表4-4。不同处理各性状的 GCV 和 PCV 值分别为 5.37% ~ 65.27% 和 6.99% ~ 66.829%，BD 最低，LDW 最高。生长性状中，苗高的 GCV 和 PCV 最高为 22.66% 和 23.01%，较最低值分别高出 17.28% 和 16.02%。叶片性状而言，GCV 和 PCV 的范围分别为 14.15% ~ 32.42% 和 14.78% ~ 33.32%，其中 LW 最低，LL 最高，最高和最低值之间的差异超过 18%。生理性状方面，Chl 最高，GCV 和 PCV 分别为 34.46 和 35.06%，分别高出 Pn1.92% 和 1.83%。生物量而言，LDW 的 GCV 和 PCV 最高，分别为 65.27% 和 66.82%，高出 SDW 和 RDW42.40%、41.79% 和 43.32% 和 38.05%。各性状重复力变化范围为 0.582 ~ 0.970，树高最高，根干重最低。

表4-4 不同处理下各性状遗传变异系、表型变异系数和重复力

性状	Range	Average	GCV	PCV	R
BD	10.77 ~ 21.71	16.817	5.38	6.99	0.591
H	97.00 ~ 260.00	193.342	22.66	23.01	0.970
LN	30.00 ~ 81.00	58.842	18.33	18.96	0.935
LA	32.58 ~ 127.04	79.053	19.81	21.23	0.871
LL	1.40 ~ 13.17	10.159	32.42	33.32	0.947
LW	7.00 ~ 14.30	10.851	14.15	14.78	0.916
PN	8.99 ~ 24.10	17.640	32.54	33.23	0.959
CHL	26.70 ~ 75.00	42.918	34.46	35.06	0.966
SDW	4.74 ~ 23.97	14.696	22.87	25.03	0.835
RDW	0.73 ~ 4.13	2.109	21.95	28.77	0.582
LDW	3.56 ~ 28.06	13.487	65.27	66.82	0.954

注：PCV 和 GCV 的单位为%。

4.2.5 相关系数

各性状在不同处理下的表型相关系数见表4-5。大部分性状间呈显著正相关水平，相关系数在 0.185 ~ 0.961 之间。其中 LA 与 LW 正相关最高（$r=$ 0.961），LA 与 Pn 正相关最低（$r=0.185$）。生长性状（H、BD）与叶片各性状（LN、LA、LL、LW）、干生物量（SDW、RDW、LDW）呈极显著正相关，其变化范围为 0.338（BD 与 LDW）~ 0.838（BD 与 LN），BD 与 Pn 相关性较弱，相关系数只有 0.118。除 Pn 与 BD、LN、LL 相关关系未达显著水平外，Pn 和 Chl 与其他大部分性状的相关关系均达极显著水平，其中 Pn 与 LA 和 LW

相关关系为显著水平，而 Chl 与 Pn 的相关关系很弱未达显著水平（0.071）。除 RDW 与 LN、LW、Pn 相关未达显著水平外，其余各性状与干生物量均呈高度正相关，范围是 0.205（LDW 与 Pn）~0.565（SDW 与 H）。

表 4-5　不同处理下各性状间的相关性

Traits	BD	H	LN	LA	LL	LW	Pn	Chl	SDW	RDW
H	0.882**									
LN	0.838**	0.733**								
LA	0.786**	0.732**	0.785**							
LL	0.667**	0.622**	0.695**	0.831**						
LW	0.775**	0.793**	0.737**	0.961**	0.790**					
Pn	0.118	0.235**	0.055	0.185*	0.109	0.214*				
Chl	0.574**	0.675**	0.438**	0.494**	0.457**	0.567**	0.071			
SDW	0.458**	0.565**	0.324*	0.439**	0.439**	0.453**	0.428**	0.365**		
RDW	0.366**	0.388**	0.242	0.263*	0.288*	0.243	0.141	0.269*	0.656**	
LDW	0.338**	0.447**	0.310**	0.293**	0.273**	0.375**	0.205*	0.287**	0.507**	0.337**

注：** 表示在 0.01 水平上极显著相关，* 表示在 0.05 水平上显著相关。

4.3　讨论

方差分析被认为是估计和了解群体变异程度的最重要的统计方法之一（Zhao et al.，2014）。本研究中，所有性状在处理间差异均达极显著水平，这些结果与 Mauyo 等（2008）在白花菜上的研究结果一致，在不同的氮素水平下，白花菜的生长性状、叶片性状和生物量存在显著差异。这些结果表明，在杨树无性系生长早期选择合适的施肥处理是有效的。

氮是植物生长和发育的基本元素，通常也是土壤中有限的养分（Zhao et al.，2003）。氮素供应不足会降低叶片面积、光合作用和生物量等不同性状，导致植株生长缓慢（Lu et al.，2001）。本研究中，生长性状（H 和 BD）、叶片性状（LN、LA、LL 和 LW）），生理性状（Pn 和 Chl）和生物量（SDW、RDW 和 LDW）的平均值在处理 1 和处理 2 条件下明显高出 CK40% 以上，这一结果与 Zhao 等（2003）；Van Delden（2001）；Ciompi 等（1996）；Fernandez 等（1996）；Dev 和 Bhardwaj 等（1995）的研究一致。另一方面，将处理 1 和处理 2 的平均值进行比较，发现除了生理性状（Pn 和 Chl）外，其余所有性状在处理 2 中均略高于处理 1，这表明对于净光合速率和叶绿素含量而言总氮肥量 6g 分 6 次施肥的效果要高于分 2 次施肥的效果。这些结果表明，在植物生长早期施用指数氮肥对植物的生理机制有更大的影响。苗高和地径是植物生长过程中最重要的两个性状，是评价对植物早期生长有利程度的不同育种方案的重要依据。本研究中，不同时间点处理 1 和处理 2 苗高和地径的平均值略有不同，但各时间点苗高和地径的均值的多重比较在处理 1 和处理 2 间差异不显著，说明这两种处理均适合杨树的早期生长。两种处理之间的显著差异可能出现在其第二生长期，这与 Frost 等（2009）在大物种、Ket 等（2011）在紫锥菊和 Xu 等（2018）在矮嵩草的研究结果一致，施氮 2 年后地面植被响应最高。在杨树早期生长期所得到的结果对于大面积种植杨树是非常重要和有益的。因为处理 1（总施肥量 6g，施肥 6 次）的技术成本高于处理 2（总施肥量 6g，施肥 2 次），按技术成本计算，在杨树生长早期总施肥量 6g，分 2 次施肥（每 30 天 1 次）是适宜的。

遗传变异和表型变异是树木遗传变异的主要因素（Mwase et al.，2008），对育种进程具有重要意义（Safavi et al.，2010）。在树木的生长过程中，生长性状的遗传变异和表型变异发生动态变化，并表现出一定的模式（Karacic and Weih，2006）。本研究各性状的 *PCV* 和 *GCV* 分别为 6.99%~66.82% 和 5.37%~65.27%，其中 *BD* 和 *LDW* 值最低，*LDW* 值最高。除 *BD* 外，各性状的 *PCV* 和 *GCV* 均超过 10%，其中 *LDW* 的 *PCV* 和 *GCV* 分别为 66.82% 和 65.27%，说明 *LDW* 在各无性系间差异较大。在生长性状中，*H* 的 *PCV* 和 *GCV* 均高于 *BD*，说明 4 个无性系在不同处理下 *H* 的变异均大于 *BD*。不同处理对叶片 *PCV* 和 *GCV* 值的影响最大。*H*、*LL*、*Chl* 和 *LDW* 的 *PCV* 和 *GCV* 值分别高于生长性状、叶片性状、生理性状和干生物量的其他值。这些结果相对于 Li 等（2016）和 Zhao 等（2015）的结果要高一些，这都说明较高的 *PCVs* 和 *GCVs* 对于性状的选择是有用的。各性状中 *PCV* 均高于 *GCV*，反映了不同处理对表型和环境性状的影响。重复力表示该基因型通过表型表达被识别的可靠性（Zhao et al.，2013），因此对育种策略非常重要和有益（Li et al.，2016）。本研究对各性状的重复力变化范围在 0.582~0.970 之间，表明根据该性状选择适宜的施肥方法是有效的。

受不同性状影响的植物表型及其相互关系非常复杂（Liang et al.，2017）。因此，相关性分析对于提高对这种关系的认识是非常重要的（Yin et al.，2017）。在本研究中，不同处理各性状间的相关系数不同。*H* 与 *BD* 的相关系数与 Zhao 等（2015）对杨树的研究和 Hui 等（2016）对长白落叶松的研究相似。虽然 *H* 与 *BD* 之间的关系比较复杂（Sumida et al.，2013），但结果表明，在不同的处理中选择优良的 *H* 可能有利于获得优良的 *BD*。对叶片形状，*LA* 与所有性状均呈显著正相关，*LN*、*LW*、*LL* 与大部分性状均呈显著正相关，与 Yang 等(2017)桉树中不同水分和养分胁迫下，大多数叶片性状与生长性状之间存在正相关的研究结果相似，与 Qiu(2017)在黑木相思的研究结果也大体相似。这些结果表明，不同处理对叶片性状的改善是一致的。生理性状方面，Pn 与 BD、LN、LL、Chl 的相关性较弱，与 LW 呈正相关，说明在不同处理下，Pn 在生长前期受 LW 的影响要大于其他性状。此外，不同处理下的生物量与大部分性状呈正相关，说明生长性状、叶片性状和生理性状与最终生长前期生物量产量关系密切。

　　本研究只是对一年生苗木进行处理，还需连续对不同施肥处理结果进行测定与分析，效果会更显著。

第5章

不同基质对 9 个杨树无性系苗期生长的影响

　　土壤理化性质对林木的生长和分布有显著影响，是林木生长生命周期的决定因素（Cao et al., 2007；Tabari et al., 2007；Shahini and Silvius 1995），例如黏土比砂土更能容纳水分（Ter et al., 2017），与低肥力土壤相比泥炭土对松树的生长效果更好（Schwan, 1994），柏树在在砂土:黏土:泥炭土（1:1:3）的基质条件下，生长更具有优势等（Hassan et al., 1994）。

　　不同立地条件对杨树生长影响也较大，黄逢龙等（2011）研究不同立地条件下的杨树树冠结构和溃疡病的情况，发现选择立地条件好的造林地或通过施肥等措施，调控冠幅大小可以使溃疡病病情控制在一个较低的水平；方宇（2005）对不同立地条件下 5 个杨树无性系的木材性状进行测定和分析，发现立地条件对不同杨树无性系的纤维长度和长宽比具有显著影响。对于东北半干旱地区，由于土壤以细沙为主，土壤保水率、养分等均较差，但该区域杨树又是重要的防风固沙树种，因此对半干旱地区杨树扦插基质筛选是该区域杨树良种壮苗的重要因素之一，意义重大（Tabari et al., 2007）。本研究以 10 种不同基质条件下 9 个东北地区主栽杨树无性系为材料，对其苗期生长性状、生理性状和生物量等进行调查研究。本研究的主要目的在于：①评价不同土壤基质之间的变异参数；②为杨树无性系苗期生长选择适宜的土壤基质。

5.1　材料与方法

5.1.1　试验地点与试验材料

　　在东北林业大学温室（东经 126°61′、北纬 45°78′，海拔 127 m）进行该试验。试验材料包括 9 个东北地区主栽的杨树无性系（表5-1），于 2018 年 4 月 25 日扦插在下底直径 17cm，上顶直径 22.6cm，高 25.5cm 的花盆中。试验采用随机完全设计，10 种基质(表 5-2)，每种基质处理条件下各无性系重复 10 次。扦插后 2 天浇透水 1 次，正常除草和除萌。

表 5-1　无性系编号

编号	简称	拉丁名
1	XH14	*Populus × xiao hei* T. S. Hwang et Liang '14'
2	A5	(*P. pseudo-simonii.* × *P. nigra*) × (*P. simonii* × *P. nigra*)
3	HX2	*P. nigra* × *P. simonii* CV2
4	HQY	*P. euramericana* cl. N3016 × *P. ussuriensis*
5	1344	*P. deltoides* × *P. cathayana* cl. 1344
6	XH	*P. psedosimonii* × *P. nigra* cv. Baicheng-1
7	XQH	*P. pseudo-simonii* × *P. nigra* cv. Baicheng-1
8	BL3	*P. simonii* × *P. nigra* cv. Bailin-3
9	BC5	*Populus × Xiaozhanica* cv. Baicheng-5

表 5-2　土壤基质配比表　　　　　　　　　　　%

编号	砂土	黏土	泥炭土	蛭石	珍珠岩
1	100	–	–	–	–
2	50	–	50	–	–
3	75	–	25	–	–
4	25	–	50	25	–
5	75	25	–	–	–
6	50	50	–	–	–
7	50	25	25	–	–
8	25	25	50	–	–
9	25	25	25	25	–
10	25	25	25	–	25

5.1.2　试验方法

2018 年 9 月对每个处理条件下的各无性系所有单株的第 5~7 轮叶片进行叶片净光合速率和叶绿素含量的测定，叶片净光合速率在上午 9：30~11：30 之间进行测定，测定时光照强度设定为 1000μmol·m^{-2}·s^{-1}，CO_2 浓度设定为 400μmol·mol^{-1}，其他环境因子没有特别控制；叶绿素含量利用 SPAD 502 叶绿素含量测定仪测定；对于测定光合和叶绿素含量的叶片进行拍照，利用 CAD 作图对单叶叶片长度、叶片宽度、叶面积进行测定；2018 年 11 月对不同单株苗高和地径进行测定，之后把苗木从土壤中取出，洗净后分出叶片、茎和根等三个组织，分别在 90℃ 的烘箱中烘干至恒重(30h 左右)，利用分析天平分别进行称重测量叶片干重、茎干重和根干重。

5.1.3 数据分析

所有统计分析均采用 SPSS(13.0 版)进行分析。根据 Hansen 等(1997)的方法,通过方差分析(ANOVA)确定无性系在不同处理条件下的变异情况:

$$y_{ijk} = \mu + \alpha_i + \beta_j + \alpha\beta_{ij} + \varepsilon_{ijk} \tag{5-1}$$

式中,y_{ijk} 表示无性系 i 在处理 j 下的表现,μ 表示总体均值,α_i 表示无性系效应,β_j 表示处理效应,$\alpha\beta_{ij}$ 表示无性系与处理的交互作用,ε_{ijk} 表示随机误差。

不同性状的表型变异系数(PCV)和遗传变异系数(GCV)分别利用如下公式进行计算(Liu et al., 2015):

$$PCV = \frac{\sqrt{\sigma_P^2}}{\overline{X}} \times 100 \tag{5-2}$$

式中,σ_P^2 和 $\overline{X}$ 分别表示表型方差分量和某一性状均值。

$$GCV = \frac{\sqrt{\sigma_G^2}}{\overline{X}} \times 100 \tag{5-3}$$

式中,σ_G^2 和 $\overline{X}$ 分别表示遗传方差分量和某一性状均值。

两个性状表型相关系数根据以下公式计算(Li et al 2017):

$$r_{A(xy)} = \frac{\sigma_{A(xy)}}{\sqrt{\sigma_{A(x)}^2 \sigma_{A(y)}^2}} \tag{5-4}$$

式中,$\sigma_{A(xy)}$ 表示性状 x 和 y 的表型协方差,$\sigma_{A(x)}^2$ 和 $\sigma_{A(y)}^2$ 分别表示性状 x 和性状 y 的表型方差分量。

重复力(R)根据以下公式进行计算(Yin et al., 2017):

$$R = 1 - \frac{1}{F} \tag{5-5}$$

式中,F 为方差分析中的 F 值。

5.2 结果

5.2.1 方差分析

各性状的方差分析结果见表 5-3。各测定指标在无性系、基质及无性系与基质之间的交互作用间差异均达极显著差异($P<0.01$)。

5.2.2 不同基质下所有无性系不同性状的平均值

各无性系不同性状(H、BD、LN、LL、LW、LA、LDW、SDW、RDW、

表 5-3　不同性状在不同土壤基质下的方差分析表

变异来源		H	BD	LN	LL	LW	LA	LDW	RDW	SDW	ChL	Pn
基质	DF	9	9	9	9	9	9	9	9	9	9	9
	MS	2.364	140.988	1096.552	39.753	38.998	2725.207	516.510	522.280	1694.268	178.836	28.251
	F	33.591	145.297	37.162	109.905	140.186	44.680	286.218	106.357	454.999	36.752	27.780
	Sig	**	**	**	**	**	**	**	**	**	**	**
无性系	DF	8	8	8	8	8	8	8	8	8	8	8
	MS	0.767	17.278	568.345	83.628	14.247	1005.620	48.636	20.014	59.182	158.065	5.475
	F	10.895	17.806	19.261	231.210	51.212	16.487	26.951	4.076	15.893	32.484	5.384
	Sig	**	**	**	**	**	**	**	**	**	**	**
无性系×基质	DF	72	72	72	72	72	72	72	72	72	72	72
	MS	0.219	2.555	99.327	1.919	1.114	410.027	13.369	15.008	29.852	21.349	15.293
	F	3.117	2.633	3.366	5.306	4.003	6.722	7.408	3.056	8.017	4.387	15.037
	Sig	**	**	**	**	**	**	**	**	**	**	**

注：H、BD、LN、LL、LW、LA、LDW、SDW、RDW、ChL、Pn 分别表示树高、地径、叶片数量、叶长、叶宽、叶面积、叶干重、茎干重、根干重、叶绿素含量、净光合速率。DF、MS、F 分别表示自由度、均方、F 检验中的 F 值，** 表示差异极显著。

Chl、*Pn*）的平均值见表5-4。4号土壤基质（细沙25%：泥炭50%：蛭石25%）的平均 *H*、*BD*、*LN*、*LL*、*LW*、*LA*、*LDW*、*SDW* 和 *RDW* 表现最高，分别为 1.37m、12.48cm、45 片、9.73cm、7.78cm、45.60cm^2、14.25g、26.29g 和 15.92g 比最低的 0.44m、6.12cm、28 片、6.33cm、4.33cm、15.44cm^2、2.17g、3.41g 和 3.15g 高出 0.93m、6.36cm、17 片、3.40cm、3.45cm、30.16cm^2、12.08g、22.88g 和 12.77g。同时也比总体平均值高出 0.37m、3.22cm、11 片、1.65cm、1.57cm、16.62cm^2、7.10g、14.22g 和 7.99g。生理性状而言，*Chl* 和 *Pn* 的最高平均值分别为 35.86SPAD 和 10.6μmol·m^{-2}·s^{-1}（2号土壤基质细沙50%：黏土50%）分别比最低平均值 26.59SPAD 和 7.16μmol·m^{-2}·s^{-1}（1号土壤基质细沙100%）高出 9.27SPAD 和 3.44μmol·m^{-2}·s^{-1}。

5.2.3　不同基质下各无性系不同性状的平均值

每个无性系在不同基质的生长性状（苗高和地径）、叶片性状（叶片数量、叶片长度、叶片宽度和叶片面积）、生物量（叶干重、茎干重和根干重）和生理性状（净光合速率和叶绿素含量）的平均值如图5-1～图5-9所示。生长性状而言，所有无性系在2号土壤基质（细沙50%：黏土50%）和4号土壤基质（细沙25%：泥炭土50%：蛭石25%）下呈现最大的苗高和地径，其变化范围分别为 1.35～1.62m 和 11.45～13.86mm 不等。所有无性系在1号土壤基质（细沙100%）、5号土壤基质（细沙75%：黏土25%）和6号土壤基质（细沙50%：黏土50%）下的树高和地径的平均值最低。在叶片性状方面，各无性系在不同土壤基质间的最高平均值差异较大，*LW* 为 6.65cm（8号无性系在8号土壤基质下）～10.30cm（9号无性系在4号土壤基质下）；*LL* 为 7.24mm（8号无性系在2号土壤基质下）～12.46cm（4号无性系在2号土壤基质下）；*LA* 为 40.17cm^2（2号无性系在4号土壤基质下）～74.83cm^2（4号无性系在4号土壤基质下）；*LN* 为 47 片（9号无性系在4号土壤基质下）～55 片（8号无性系在2号土壤基质下）。对于生物量而言，最高为 74.11（7号无性系在4号土壤基质下），在4号土壤基质下普遍较高，2号土壤基质下次之；最低为 4.26（7号无性系在5号土壤基质下），1号土壤基质和5号土壤基质下普遍较低。各无性系的生理性状中，*Chl* 和 *Pn* 在不同的土壤基质中存在差异，*Chl* 的最大平均值为 43.37SPAD（1号无性系在2号土壤基质下），最小平均值为 21.93SPAD（9号无性系在1号土壤基质下）；*Pn* 的最大平均值 14.20μmol·m^{-2}·s^{-1}（3号无性系在2号土壤基质下），最小平均值为 4.99μmol·m^{-2}·s^{-1}（3号无性系在7号土壤基质下）。

5.2.4　遗传变异参数

生长性状、叶片性状、生物量和生理性状的 *PCV* 和 *GCV* 见表5-5。所有

表 5-4　不同土壤基质下所有无性系不同性状的平均值与标准差

SM	H	BD	LN	LL	LW	LA	LDW	SDW	RDW	Chl	Pn
1	0.89±0.32	7.30±1.11	28±4.18	7.00±1.49	5.00±0.88	24.54±10.10	2.17±0.54	3.67±0.98	3.15±0.48	26.59±3.11	7.16±1.02
2	1.26±0.45	11.90±1.51	45±9.64	9.53±1.92	7.70±0.94	43.99±16.61	12.69±2.9	21.61±3.4	14.05±3.5	35.86±4.93	10.60±2.9
3	1.00±0.00	10.01±1.27	40±7.30	8.36±1.69	6.58±1.15	37.94±12.61	6.34±1.74	11.31±3.7	9.94±3.63	32.64±4.21	9.87±1.63
4	1.37±0.49	12.48±1.14	45±7.53	9.73±2.28	7.78±1.18	45.60±20.32	14.25±4.6	26.29±7.5	15.92±4.8	32.44±4.47	9.37±2.32
5	0.44±0.51	6.12±1.28	31±11.2	6.53±1.14	4.81±0.67	21.95±5.90	2.25±0.75	3.41±1.55	3.47±1.69	28.49±3.60	8.56±2.14
6	0.56±0.51	6.27±2.03	29±10.32	6.33±1.20	4.33±1.05	15.44±6.81	2.91±1.42	4.81±2.49	4.26±2.59	31.76±3.93	9.72±1.99
7	0.96±0.19	9.43±1.27	35±7.90	8.35±1.89	6.25±0.85	37.65±15.27	6.83±1.85	10.86±2.6	6.63±1.86	30.00±2.80	9.20±2.97
8	1.26±0.45	11.81±1.55	43±7.46	9.31±2.26	7.30±1.00	41.29±12.89	11.79±4.1	19.63±3.9	9.77±3.36	30.96±3.70	10.39±2.1
9	1.00±0.00	9.45±0.95	39±6.48	8.52±2.32	6.41±1.11	34.31±14.04	6.58±1.95	10.20±2.8	6.29±2.11	29.76±3.28	8.40±2.64
10	1.04±0.19	9.03±1.42	37±6.44	8.01±1.67	6.18±0.73	37.58±15.47	5.87±1.78	8.79±1.86	5.76±1.75	29.31±3.00	8.92±2.12
TA	0.98±0.42	9.40±2.59	37.6±9.93	8.11±2.14	6.28±1.48	35.12±17.44	7.17±4.85	12.06±8.3	7.92±5.04	30.76±4.44	9.30±2.33

注：TA 是总体平均值。H 和 BD 的单位值。LN 的单位是个，LL、LW 和 LA 的单位分别是 m 和 mm。LDW、SDW 和 RDW 的单位均为 m、cm 和 mm。Pn 的单位为 $\mu mol \cdot m^{-2} \cdot s^{-1}$。$Chl$ 的单位为 SPAD，Pn 的单位为 $\mu mol \cdot m^{-2} \cdot s^{-1}$。

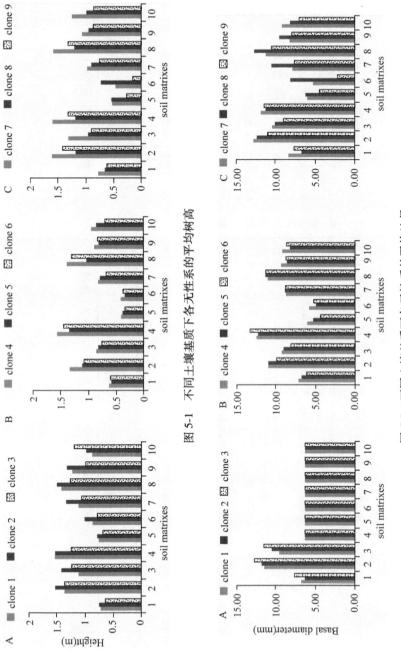

图 5-1 不同土壤基质下各性系的平均树高

图 5-2 不同土壤基质下各性系的平均地径

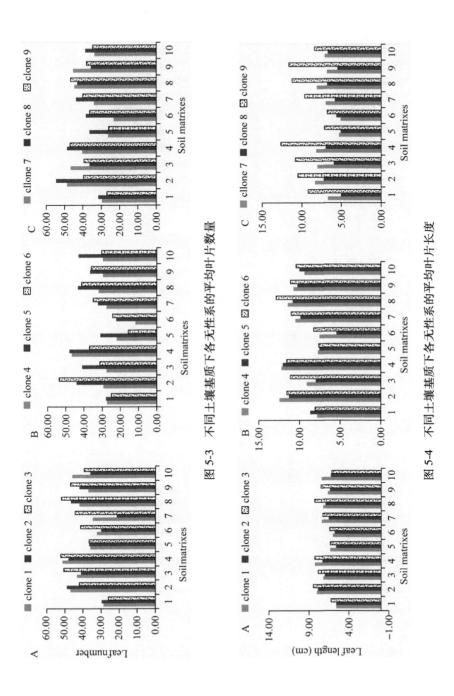

图 5-3　不同土壤基质下各无性系的平均叶片数量

图 5-4　不同土壤基质下各无性系的平均叶片长度

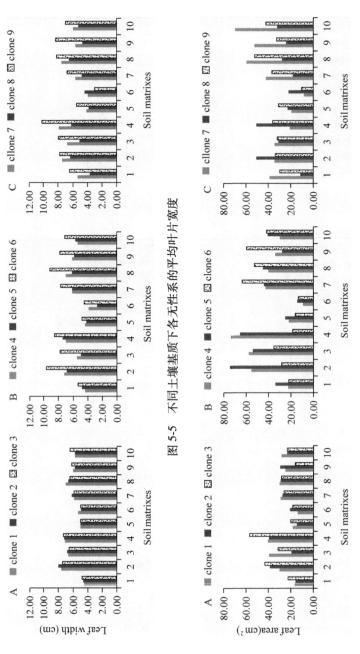

图 5-5 不同土壤基质下各无性系的平均叶片宽度

图 5-6 不同土壤基质下各无性系的平均叶片面积

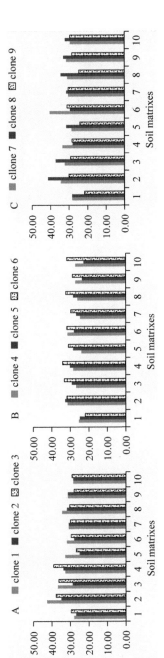

图 5-7　不同土壤基质下各无性系的平均叶绿素含量

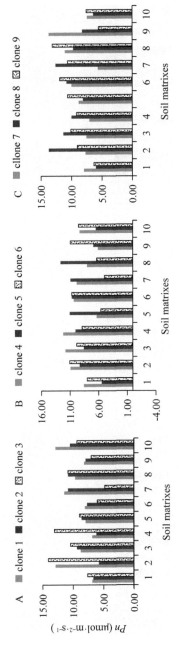

图 5-8　不同土壤基质下各无性系的平均净光合速率

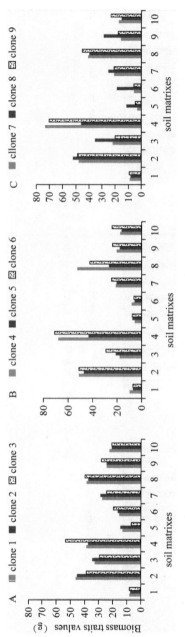

图 5-9　不同土壤基质下各无性系的平均总生物量

生长性状、叶片性状和生物量的 *PCV* 和 *GCV* 均超过 15%。*LL* 的 *PCV* 和 *GCV*
最高分别为 39.58% 和 39.50%，*Pn* 的 *PCV* 和 *GCV* 最低分别为 8.88% 和
8.09%，最高比最低分别高出 30.70% 和 31.41%。生长性状中，*H* 的 *PCV*
(31.50%) 和 *GCV*(30.17%) 分别比 *BD* 的高出 15.88% 和 14.95%。叶片性状
的 *PCV* 和 *GCV* 分别为 21.38%~39.58% 和 21.20%~39.50%，其中 *LL* 最高，
LW 最低。生物量中，*LDW* 的 *PCV* 和 *GCV* 最高，为 34.32% 和 33.74%，分
别比最低值高出 14.63% 和 16.40%。生理性状中，*Chl* 的 *PCV* 和 *GCV* 要高
于 *Pn*。不同土壤基质下各性状的重复力变化范围为 0.964~0.996，其中
LDW 最高，*Pn* 最低。

表 5-5　各性状的平均值、变化范围、表型和遗传变异系数以及重复力

性状	平均值	变化范围	σ_G^2	σ_P^2	GCV	PCV	R
H	0.98	0.44~1.37	0.087	0.095	30.17	31.50	0.969
BD	9.38	6.12~12.48	2.038	2.146	15.22	15.62	0.993
LN	37.20	28~45	67.355	70.633	22.06	22.59	0.973
LL	8.17	6.33~9.73	10.408	10.449	39.50	39.58	0.991
LW	6.23	4.33~7.78	1.746	1.777	21.20	21.38	0.992
LA	34.03	15.44~45.6	118.078	124.855	31.93	32.83	0.977
LDW	7.17	2.17~14.25	5.854	6.054	33.74	34.32	0.996
SDW	12.06	3.4~26.29	1.888	2.434	17.34	19.69	0.989
RDW	7.92	3.15~15.95	6.932	7.346	21.83	22.48	0.985
Chl	30.78	26.59~35.86	19.150	19.691	14.22	14.42	0.972
Pn	9.22	7.16~10.60	0.557	0.670	8.09	8.88	0.964

注：σ_G^2 和 σ_P^2 分别是遗传方差和表型方差分量，表型变异系数和遗传变异系数的单位为%。

5.2.5　相关系数

9 个无性系在不同土壤基质下的表型相关关系见表 5-6。大部分性状之
间呈极显著正相关，相关系数在 0.007~0.895 之间，其中 *H* 与 *Pn* 的相关关
系最弱，*LDW* 与 *SDW* 的相关关系最强。叶片性状和生物量与生长性状之间
均呈显著正相关(0.157~0.895)。生理性状方面，*Pn* 除与 *H*(0.007) 和 *LL*
(0.050) 外，与其他各性状均呈显著正相关(0.088~0.251)；另外 *Chl* 除于
LA(0.031) 和 *LL*(-0.128) 相关较弱之外，与其他各性状均呈显著正相关
(0.173~0.383)。

表 5-6 不同土壤基质下各性状的相关分析

	H	BD	LN	LL	LW	LA	LDW	RDW	SDW	Chl
BD	0.626**									
LN	0.468**	0.571**								
LL	0.180**	0.313**	0.157**							
LW	0.493**	0.628**	0.464**	0.695**						
LA	0.266**	0.429**	0.288**	0.520**	0.440**					
LDW	0.461**	0.711**	0.482**	0.544**	0.706**	0.401**				
RDW	0.462**	0.658**	0.484**	0.471**	0.664**	0.413**	0.799**			
SDW	0.557**	0.795**	0.554**	0.395**	0.688**	0.351**	0.895**	0.817**		
Chl	0.173**	0.374**	0.298**	-0.128*	0.191**	0.031	0.274**	0.383**	0.374**	
Pn	0.007	0.193**	0.088*	0.051	0.126*	0.172**	0.243**	0.200**	0.207**	0.251**

注：** 表示在 0.01 水平上极显著相关，* 表示在 0.05 水平上极显著相关。

5.3 讨论

方差分析是评价不同性状间变异程度的重要方法(Zhao et al., 2014)。在本研究中，生长性状(树高和地径)、叶片性状(叶片数量、叶片长度、叶片宽度和叶片面积)、生物量(叶干重、茎干重和根干重)和生理性状(叶绿素含量和净光合速率)在不同的土壤基质下存在极显著差异，说明为不同无性系选择合适的土壤基质是有效的。

植物的生长不仅取决于土壤肥力和水分，而且取决于土壤的物理和化学结构，在植物生长早期选择适宜的基质是林木栽培的重要手段(Dighton and Krumins，2014)。前期研究中，沙土中添加泥炭和蛭石可以改善土壤性质，比未改良的土壤具有更高的阳离子交换能力和养分保持能力，从而提高植物生长和生产力(宋羽等，2013)。本研究中 4 号基质(细沙 25%+泥炭土 50%+蛭石 25%)条件下各无性系生长性状、叶片性状和生物量最高，表明该基质对杨树早期生长有积极影响，这一结果与前期报道：泥炭和蛭石可增加土壤中的有机质投入，通过增加养分和保持水分来改善植物生长(Schapel et al.，2018)的研究结果相近。而 1 号基质(100%细沙)条件下，所有无性系各测定性状都呈现最低值，表明纯细沙不适宜杨树早期生长，这与 Zhao 等(2015)的研究结果一致，根表明土壤保水量和氮素含量是砂质土壤中植物生长的关键限制因子。

在林木遗传改良中，可以通过计算表型变异系数和遗传变异系数的不同来估算不同育种群体的变异程度(赵曦阳等，2013)。本研究中，各性状的

PCV 和 *GCV* 的变化范围分别为 8.88%(*Pn*)～39.58%(*LL*)和 8.09%(*Pn*)～ 39.50%(*LL*)，除 *Pn* 外，其余各性状的 *PCV* 和 *GCV* 均超过 10%，这与李春明等(2016)对杨树的研究结果一致。各性状中 *PCV* 均高于 *GCV*，说明环境对性状有一定的影响。重复力用来估计变异的可重复性(Girish et al., 2006)，因此对育种方案和选择具有重要意义(Li et al., 2016)。在本研究中，所有生长性状的重复力均高于 0.95。高变异系数，高重复力有利于无性系与基质的评价选择。

植物的表型受不同生长性状的影响，它们之间存在着复杂的相互关系(Liang et al., 2017)，揭示和理解这些相互关系对林木遗传改良意义重大(Hui et al., 2016)。在本研究中，大部分性状之间存在显著正相关关系，表明性状之间相互影响、相互制约。生长性状、叶片性状和生物量之间存在极显著正相关，这些结果与 Zhao 等(2012，2015)在楸树和杨树的研究一致；光合作用和叶绿素含量是控制植物生长进而影响最终生物量生产的重要生理参数(Takai et al., 2010)。在本研究中，*Chl* 除与 LL 呈负相关，与 LA 相关性很弱外，与其他各性状呈显著正相关，这说明，与其他叶片性状相比，LW 对 Chl 的正向影响更大；Pn 除了与 H 和 LL 的相关性较弱之外，与其他各性状均呈显著正相关，这些结果与 Zhao(2015)的研究相似，他发现 Pn 与叶片性状呈正相关，但与第四章的结果相反，其原因可能是因为试验设计的不同，以及生理性状受环境和天气的影响较大。

第6章

干旱胁迫下 4 个杨树无性系生长指标变异研究

　　植物的生长发育情况不仅受到自身遗传物质的控制，还受到光照、温度、水分和土壤营养含量等诸多环境因子的影响，而在诸多环境因子中，限制植物生长最普遍也是最严重的因素就是水分，尤其在干旱和半干旱地区，更为明显（Lange et al., 1976）。干旱胁迫下，植物会发生一系列的形态和生理生化方面的变化（Egert et al., 2002；王芳等，2008），其中植物生长性状的变化最易被观察。目前，关于干旱胁迫对植物生长发育影响的研究已有很多，如张英普（1999）关于干旱胁迫对玉米株高影响的研究表明，当叶片水势降低初始，株高降低20%，当水势继续降低时，株高降低近50%。王淼等（2001）关于长白山阔叶红松林对干旱胁迫的生态反应的研究表明干旱胁迫显著降低了水曲柳（Fraxinus mandshurica）、红松（Pinus koraiensis）、椴树（Tilia tuan）等树种的叶面积、树高等性状。韦莉莉等（2005）关于干旱胁迫对2年生杉木（Cunninghamia lanceolata）苗期生长影响的研究表明，干旱胁迫对苗期地上部分生物量影响较大，而对地下部分生物量影响不显著。这些研究均表明，轻度的水分亏缺就足以使植物的生长性状受到抑制。

　　杨树由于生长速度快、适应性强、分布范围广、木材纤维良好且易于繁殖等特性，在防护林、用材林以及绿化用林等用途中得到了广泛应用（吴丽云等，2015），因此杨树的栽培繁育越来越被重视，目前已经成为最主要的造林树种。然而，我国是一个干旱和半干旱地区面积很大的国家，约占我国国土面积的52%。干旱地区的气候干燥，年降水量少，土壤含水量低，杨树的生长发育受到了严重抑制（Ashraf et al. 2010），限制了杨树作为防护林和绿化林等用途的推广，从而降低了杨树的经济和生态效益，因此对杨树进行抗旱性机理的研究以及评价选择显得尤为重要。本研究利用4个杨树无性系，进行4中不同程度的干旱胁迫处理，对其生长性状进行测定，以期在揭示不同干旱胁迫程度对杨树生长发育影响的同时，选出在干旱胁迫下生长性状优良的杨树无性系，为我国干旱地区提供造林绿化材料。

6.1 试验材料和研究方法

6.1.1 试验材料与处理

试验于2018年4月底在东北林业大学温室(东经126°61′、北纬45°78′，海拔127 m)内开展，以白城小黑杨(*Populus simonii*×*P. nigra* 'Baicheng-1')、白城小青黑杨(*Populus pseudo simonii*×*P. nigra* 'Baicheng-1')、白林3号杨(*Populus simonii*×*P. nigra* 'Bailin-3')及白城5号杨(*Populus*×*Xiaozhanica* 'Baicheng-5')为材料进行扦插扩繁，每个无性系扩繁100株，放于高25.5cm，口内径22.6cm的花盆中。试验土壤配比为细沙：黑土：草炭土为2：1：1，每盆扦插1株，待成活后在温室内通过控水调节完成干旱胁迫试验。

采用室内环刀法(袁娜娜，2014)测定土壤田间持水量为28.90%(预实验于6月下旬开始，选取5盆苗木为预实验材料，开展预实验后，于每日上午8:30和下午5:00对5盆预实验材料进行称重，记录每日土壤水分流失量，并观察苗木植株形态变化，为后期试验开展提供依据)，根据预实验结果，试验设置1组对照和4种干旱胁迫水平，分别为土壤田间持水量的100%(对照)、80%、60%、40%和20%。于7月中旬，正式开展试验，试验开展后每2天按照土壤田间持水量进行浇水1次。

6.1.2 各性状测定方法

在干旱胁迫处理的第60天后，每个无性系各处理选择10株，对其苗木苗高、地径和叶片性状进行测定，苗高利用塔尺进行测定；地径利用游标卡尺进行测定；进行苗木叶片性状测定时，从苗木顶端开始，标记每个单株的第5~7轮叶片，利用白纸对每个叶片进行勾画，利用直尺对叶片长度和叶片宽度进行测定，同时利用方格纸法对叶片面积进行测定。于落叶后，根据叶痕对各单株叶片数量进行直接测定，之后对整株进行取样，利用清水清洗树根之后晾干，剪断，利用电子天平对茎鲜重和根鲜重进行测定；利用排水法对各单株所有根体积进行测定；对各单株侧根长度超过15cm的数量进行调查，代表侧根数量；利用卷尺对超过15cm的侧根进行直径和长度测量；将茎和根放置在烘箱中，直至其质量大小不再变化后，利用电子天平对茎干重和根干重进行测定。

6.1.3 数据统计分析

测定数据利用Excel 2016进行整理和作图，利用SPSS22.0进行数据方差分析。

方差分析线性模型为：

$$X_{ijk} = \mu + C_i + B_j + CB_{ij} + e_{ijk},\qquad(6\text{-}1)$$

式中：μ 为总体平均值，C_i 为无性系效应，B_j 为处理效应，CB_{ij} 为无性系和处理的交互效应值，e_{ijk} 为环境误差。

表型变异系数采用公式（Hai et al.，2008）：

$$PCV = SD/\overline{X} \times 100\%,\qquad(6\text{-}2)$$

式中：SD 为表型标准差，$\overline{X}$ 为某一性状群体平均值。

采用布雷津多性状综合评定法对家系进行综合评定，具体公式为（陈晓阳，2005）

$$Q_i = \sqrt{\sum_{j=1}^{n} ai}\qquad ai = X_{ij}/X_{j\max}\qquad(6\text{-}3)$$

式中：Qi 为综合评价值，为 X_{ij} 某一性状的平均值，$X_{j\max}$ 为某一性状的最优值，n 为评价指标的个数。

重复力的估算根据公式（梁德洋等，2016）：

$$R = 1 - 1/F\qquad(6\text{-}4)$$

式中：F 为方差分析的 F 值。

表型相关分析采用公式（梁德洋等，2016）：

$$r_{p12} = \frac{Cov_{p_{12}}}{\sqrt{\sigma_{p_1}^2 \cdot \sigma_{p_2}^2}}\qquad(6\text{-}5)$$

式中：$Cov_{p_{12}}$ 为 2 个性状间的表型协方差，$\sigma_{p_1}^2$、$\sigma_{p_2}^2$ 分别为 2 个性状间的表型方差。

6.2　结果与分析

6.2.1　方差分析

各生长性状方差分析结果见表 6-1。结果显示，不同处理间叶长差异性不显著；不同无性系和处理的交互作用间叶长差异显著（$P<0.05$），其它性状在各变异来源间均存在极显著差异（$P<0.01$）。

表 6-1　各性状方差分析表

性状	变异来源	III 型平方和	自由度	均方	F	Sig.
苗高	无性系	19186.91	3	6395.64	94.07	0.000
	处理	17053.30	4	4263.33	62.70	0.000
	无性系×处理	2485.28	12	207.11	3.05	0.002
地径	无性系	20.73	3	6.91	32.48	0.000
	处理	60.04	4	15.01	70.54	0.000
	无性系×处理	13.64	12	1.14	5.34	0.000
叶长	无性系	28.14	3	9.38	17.00	0.000
	处理	3.41	4	0.85	1.54	0.201
	无性系×处理	14.59	12	1.22	2.20	0.023
叶宽	无性系	53.24	3	17.75	24.84	0.000
	处理	11.03	4	2.76	3.86	0.007
	无性系×处理	23.14	12	1.93	2.70	0.006
叶面积	无性系	4382.44	3	1460.81	54.43	0.000
	处理	1198.38	4	299.59	11.16	0.000
	无性系×处理	4271.63	12	355.97	13.26	0.000
叶片数量	无性系	1478.84	3	492.95	77.48	0.000
	处理	909.83	4	227.46	35.75	0.000
	无性系×处理	315.98	12	26.33	4.14	0.000
茎鲜重	无性系	2669.01	3	889.67	27.05	0.000
	处理	17611.17	4	4402.79	133.89	0.000
	无性系×处理	2317.05	12	193.09	5.87	0.000
茎干重	无性系	808.11	3	269.37	25.41	0.000
	处理	3205.72	4	801.43	75.61	0.000
	无性系×处理	776.51	12	64.71	6.10	0.000
根鲜重	无性系	7994.69	3	2664.9	45.20	0.000
	处理	20007.55	4	5001.89	84.84	0.000
	无性系×处理	2605.05	12	217.09	3.68	0.000
根干重	无性系	233.22	3	77.74	8.00	0.000
	处理	1210.03	4	302.51	31.14	0.000
	无性系×处理	290.15	12	24.18	2.49	0.010
根系含水率	无性系	65.8	3	21.93	5.31	0.003
	处理	78.75	4	19.69	4.77	0.002
	无性系×处理	288.35	12	24.03	5.82	0.000

（续）

性状	变异来源	III 型平方和	自由度	均方	F	Sig.
	无性系	8353.84	3	2784.61	46.67	0.000
根体积	处理	30140.13	4	7535.03	126.28	0.000
	无性系×处理	10371.98	12	864.33	14.48	0.000
	无性系	7.16	3	2.39	138.89	0.000
根直径	处理	13.02	4	3.25	189.29	0.000
	无性系×处理	0.77	12	0.06	3.73	0.000
	无性系	918.52	3	306.17	5.56	0.002
根长度	处理	27002.95	4	6750.74	122.55	0.000
	无性系×处理	1718.65	12	143.22	2.60	0.007
	无性系	1727.64	3	575.88	184.04	0.000
侧根数量	处理	2362.08	4	590.52	188.71	0.000
	无性系×处理	255.43	12	21.29	6.80	0.000

6.2.2　遗传变异参数

　　4 个杨树无性系不同处理各性状表型变异参数见表 6-2，苗高的平均值为 197.50cm，变幅为 133.00~234.50cm；地径的平均值为 11.76mm，变幅为 8.41~41.17mm；叶片数量的平均值为 57.30 片，变幅为 44.00~74.00 片；叶长的平均值为 10.07cm，变幅为 7.20~12.30cm；叶宽的平均值为 9.56cm，变幅为 6.30~12.50cm；叶面积的平均值为 67.85cm^2，变幅为 40.00~97.00cm^2；茎鲜重的平均值为 62.55g，变幅为 41.14~95.44g；茎干重的平均值为 32.76g，变幅为 21.79~47.47g；根鲜重的平均值为 73.05g，变幅为 40.15~107.82g；根干重的平均值为 16.95g，变幅为8.30~23.77g；根系含水率的平均值为 76.67%，变幅为 69.97%~81.43%；根体积的平均值为 79.19cm^3，变幅为 43.25~128.25cm^3；根长度的平均值为 78.35cm，变幅为 51.08~116.23cm；根直径平均值为 3.00mm，变幅为 1.96~3.91mm；侧根数量的平均值为 20.16 根，变幅为 9.25~39.25 根。

　　所有性状的表型变异系数变化范围为 3.68%~37.50%，且除了苗高、叶片数量、叶长和根系含水率外，其余指标表型变异系数超过 10%，属于较高变异系数；各指标重复力变化范围为 0.812~0.995，属于高重复力。

表 6-2　各测定指标遗传变异参数

性状	平均值	标准差	变幅	表型变异系数	重复力
苗高	197.50	17.36	133.00~234.50	8.79	0.989
地径	11.76	1.29	8.41~14.17	10.97	0.969
叶片数量	57.30	4.34	44.00~74.00	7.57	0.987
叶长	10.07	0.97	7.20~12.30	9.63	0.941
叶宽	9.56	1.24	6.30~12.50	12.97	0.960
叶面积	67.85	13.46	40.00~97.00	19.84	0.982
茎鲜重	62.55	17.24	41.14~95.44	27.57	0.963
茎干重	32.76	7.94	21.79~47.47	24.23	0.961
根鲜重	73.05	21.05	40.15~107.82	28.82	0.978
根干重	16.95	4.72	8.30~23.77	27.85	0.875
根系含水率	76.67	2.82	69.97~81.43	3.68	0.812
根体积	79.19	25.92	43.25~128.25	32.74	0.979
根长度	78.35	19.75	51.08~116.23	25.21	0.993
根直径	3.00	0.52	1.96~3.91	17.48	0.820
侧根数量	20.16	7.56	9.25~39.25	37.50	0.995

6.2.3　均值分析

不同无性系各处理苗高、地径、叶片数量和叶片长度平均值如图 6-1 所示。白城小黑杨在土壤相对含水量为 80%时苗高相对较高，白林 3 号杨、白城 5 号杨和白城小青黑杨在 60%的土壤相对含水量的处理条件下苗高较高。在 20%、40%、60%、80%和 100%的土壤相对含水量的处理条件下，白城小青黑杨均表现出相对较高的苗高优势，分别高出平均值 26.84%、14.80%、33.75%、10.03%和 7.48%。在 20%和 40%的土壤相对含水量的处理条件下，白城 5 号杨的苗高最低，而在 60%、80%和 100%的土壤相对含水量条件下，白城小黑杨的苗高最低；从地径来看，白城小黑杨和白林 3 号杨在 60%土壤相对含水量条件下地径最粗，白城 5 号杨和白城小青黑杨在 100%土壤相对含水量处理条件下地径最粗。在 20%、60%、80%和 100%的土壤相对含水量的处理条件下，白城小青黑杨的地径均最粗，分别高出平均值 25.40%、11.20%、2.25%和 9.62%，在 40%的土壤相对含水量的处理条件下，白城 5 号杨的地径最粗，比平均值高 4.51%。在 20%、40%、60%、80%和 100%的土壤相对含水量的处理条件下，白城小黑杨的地径均最细；从叶片数量来看，白城小黑杨在 60%土壤相对含水量条件下叶片数量最多，白城小青黑杨在 80%土壤相对含水量条件下叶片数量最多，白林 3 号杨和白城 5 号杨在 100%的土壤相对含水量条件下叶片数量最多。在 20%、40%和 100%土壤相对含水量的处理条件下，白城 5 号杨的叶片数量最多，分别比平均值高 19.87%、9.04% 和 14.28%，在 60% 和 80% 土壤相对含水量的处理条件下，白城小青黑杨的叶片数量最多，分别比平均值高 8.12% 和 14.40%。在 20%、40%、80% 和 100% 土壤相对含水量处理条件下，白城小黑杨的叶片数量最少，在 60% 处理条件下，白林 3 号杨的叶片数量最少；从叶片长度来看，白城小黑杨在 80% 土壤相对含水量条件下叶长最长，白城小青黑杨在 40% 土壤相对含水量条件下叶长最长，白林 3 号杨和白城 5 号杨在 60% 土壤相对含水量条件下叶长最长。在 20% 和 60% 土壤相对含水量条件下，白林 3 号杨的叶长最长，分别高于平均值 3.12% 和 21.04%，在 80% 和 100% 土壤相对含水量条件下，白城小黑杨的叶长最长，分别比平均值高 15.38% 和 3.42%。

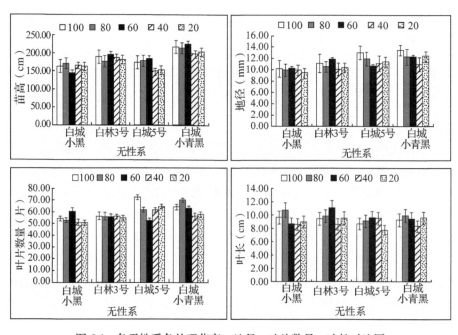

图 6-1　各无性系各处理苗高、地径、叶片数量、叶长对比图

不同无性系各处理叶宽、叶面积、茎鲜重、茎干重平均值如图 6-2 所示。白城小黑杨在 100% 土壤相对含水量条件下的叶宽最宽，白城 5 号杨在 80% 土壤相对含水量条件下叶宽最宽，白林 3 号杨和白城小青黑杨在 60% 土壤相对含水量条件下叶宽最宽。在 20%、60%、80% 和 100% 土壤相对含水量条件下，白林 3 号杨的叶宽最宽，分别高于平均值 15.71%、21.93%、15.06% 和 3.65%，在 40% 土壤相对含水量条件下，白城小青黑杨的叶宽最宽，比平均值高出 6.40%；从叶面积来看，白城小黑杨和白城 5 号杨在 80% 土壤相对含水量条件下的叶面积最大，白林 3 号杨和白城小青黑杨在

60%土壤相对含水量条件下叶面积最大。在 20%、60%、80%和 100%土壤相对含水量条件下，白林 3 号杨的叶面积最大，分别比平均值高出 9.62%、31.72%、43.12%和 12.26%，在 40%土壤相对含水量条件下，白城小青黑杨的叶面积最大，比平均值高出 3.72%；从茎鲜重来看，除白城 5 号杨外，其余无性系茎鲜重均在 100%土壤相对含水量处理条件下达到最大值。在 20%和 100%土壤相对含水量处理条件下，白林 3 号杨的茎鲜重最大，达到 43.74g 和 95.44g，在 40%、60%和 80%土壤相对含水量处理条件下，白城小青黑杨的茎鲜重最大，分别达到 64.30g，70.29g 和 80.50g；无性系茎干重同样大致呈现随土壤相对含水量的增加而增大的趋势，且除白城 5 号杨外，其余无性系茎干重均在 100%土壤相对含水量处理条件下达到最大值。在 20%和 100%土壤相对含水量处理条件下，白林 3 号杨的茎干重最大，达到 25.01g 和 47.47g，在 40%、60%和 80%土壤相对含水量处理条件下，白城小青黑杨的茎干重最大，分别达到 35.63g，36.59g 和 43.50g。

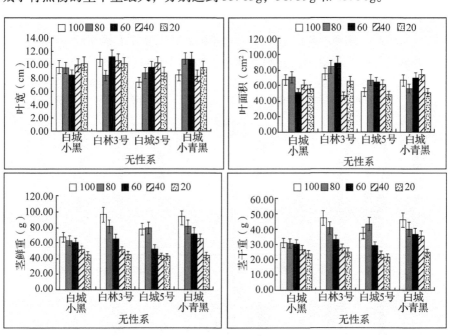

图 6-2　各无性系各处理叶宽、叶面积、茎鲜重、茎干重对比图

不同无性系各处理根鲜重、根干重、根系含水量、根体积平均值如图 6-3 所示。各无性系根鲜重呈现随土壤相对含水量的增加而增大的趋势，白城小黑杨和白林 3 号杨在 100%土壤相对含水量处理条件下达到最大值，白城 5 号杨和白城小青黑杨在 80%土壤相对含水量处理条件下达到最大值。在 20%土壤相对含水量处理条件下，白林 3 号杨的根鲜重最大，达到 61.88g，

在40%、60%、80%和100%土壤相对含水量处理条件下，白城小青黑杨的根鲜重最大，分别达到74.70g，86.05g、97.32g和107.82g；从根干重来看，在20%和100%土壤相对含水量处理条件下，白林3号杨的根干重最重，分别达到14.65g和23.77g，在40%、60%和80%土壤相对含水量处理条件下，白城小青黑杨的根干重最重，分别达到20.62g、17.07g和23.43g；从根系含水率来看，各无性系根系含水率呈现随土壤相对含水量的增加而增大的趋势，且各无性系均在100%土壤相对含水量处理条件下达到最大值。在20%、80%和100%土壤相对含水量处理条件下，白城小青黑杨的根系含水率最大，达到74.56%、79.39%和81.43%，在40%和60%土壤相对含水量处理条件下，白林3号杨的根系含水率最大，达到76.56%和77.36%；各无性系根体积均在20%土壤相对含水量时最小，在40%土壤相对含水量时达到最大值，后随着土壤相对含水量的增加而减小。在20%土壤相对含水量处理条件下，白城小黑杨的根体积最大，达到53.75mm³，在40%和60%土壤相对含水量处理条件下，白林3号杨的根体积最大，分别达到128.25mm³和114.00mm³，在80%和100%土壤相对含水量处理条件下，白城小青黑杨的根体积最大，分别达到88.00mm³和82.75mm³。

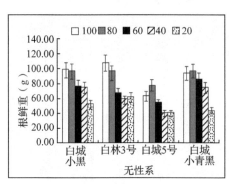
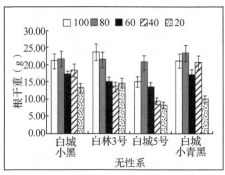
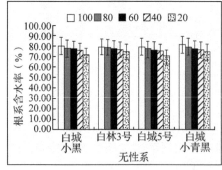
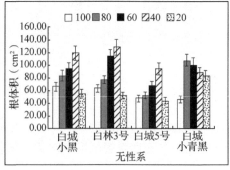

图6-3　各无性系各处理根鲜重、根干重、根系含水率、根体积对比图

　　不同无性系各处理根长度、根直径、侧根数量平均值如图 6-4 所示。各无性系根长呈现随土壤相对含水量的增加而增大的趋势，且均在 100%土壤相对含水量处理条件下达到最大值。在 20%土壤相对含水量处理条件下，白城小黑杨的根长最长，达到 55.63cm，在 40%、60%、80%和 100%土壤相对含水量处理条件下，白城小青黑杨的根长最长，分别达到 67.20cm、85.23cm、99.76cm 和 112.01cm；各无性系根直径均在 20%土壤相对含水量时最小，在 40%土壤相对含水量时达到最大值，后随着土壤相对含水量的增加而减小。在 20%、40%、60%、80%和 100%土壤相对含水量处理条件下，白城 5 号杨的根直径均最大，分别达到 3.08mm、3.91mm、3.69mm、3.41mm 和 3.21mm；各无性系侧根数量呈现随土壤相对含水量的增加而增大的趋势，且均在 100%土壤相对含水量处理条件下达到最大值。在 20%土壤相对含水量处理条件下，白林 3 号杨的侧根数量最多，达到 16 根，在 40%、60%、80%和 100%土壤相对含水量处理条件下，白城小青黑杨的侧根数量最多，分别达到 22、27、34 和 39 根。

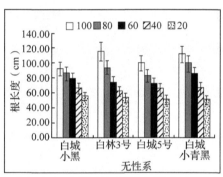
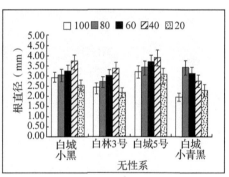
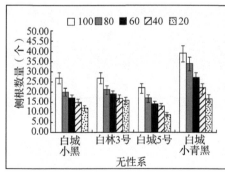

图 6-4　各无性系各处理根长度、根直径、侧根数量对比图

6.2.4　多性状综合评价

　　以苗高和地径为评价指标，对不同处理条件下的各无性系进行多性状综合评价，结果见表 6-3。根据结果可知，在 20%、40%、60%和 100%土壤相

对含水量条件下，白城小青黑杨均呈现最优生长水平，其次为白林 3 号杨，在 80% 土壤相对含水量条件下，白林 3 号杨呈现最优生长水平，其次为白城小青黑杨。在 20%、40% 和 60% 土壤相对含水量条件下，白城 5 号杨均呈现最低生长水平，而在 80% 和 100% 土壤相对含水量条件下，白城小黑杨呈现最低生长水平。

表 6-3　不同无性系各处理多性状综合评价表

处理	无性系	苗高	地径	Q_i
20%	白城小青黑	171.63	9.96	1.40
	白林 3 号	165.00	9.97	1.39
	白城小黑	163.00	9.46	1.37
	白城 5 号	144.50	10.29	1.36
40%	白城小青黑	196.75	11.84	1.41
	白林 3 号	181.00	10.42	1.34
	白城小黑	164.50	10.19	1.30
	白城 5 号	148.13	10.13	1.27
60%	白城小青黑	198.13	11.12	1.40
	白林 3 号	189.88	11.15	1.39
	白城小黑	177.13	10.56	1.35
	白城 5 号	152.38	11.45	1.33
80%	白林 3 号	213.50	11.93	1.39
	白城小青黑	204.25	12.44	1.38
	白城 5 号	173.88	13.00	1.35
	白城小黑	184.50	10.68	1.30
100%	白城小青黑	216.75	13.44	1.40
	白林 3 号	224.63	12.31	1.38
	白城 5 号	178.25	12.28	1.31
	白城小黑	187.00	11.02	1.29

6.3　讨论

干旱是制约植物生长发育的主要因素之一（李文华等，2003），植物的生长性状是植物对干旱环境响应，是反应植物抗旱性的重要指标（李丽霞等，2002）。本研究对 4 个杨树无性系在 5 个处理条件下生长性状进行测定分析，方差分析结果表明，各性状在各变异来源间差异均达极显著水平，这说明干旱胁迫对各杨树无性系的苗高、地径等生长性状均有显著的影响，且不同无性系在不同干旱胁迫程度下的生长性状也明显不同，表明本研究利用生长性状反应不同干旱胁迫程度对杨树生长发育的影响是有意义的，同时对各无性系抗旱性的评价选择是可行的。各性状的表型变异系数为 3.68% ~ 37.50%，其中地径、叶宽和叶面积的表型变异系数超过 10%，属于较高变异系数，更有利于杨树无性系的评价选择(吴裕等，2012)。

在干旱胁迫条件下，会根据干旱胁迫的程度产生相应的形态变化，其中最明显的变化就是生长性状的变化(Franca et al.，2000)，植株的苗高、地径、叶片面积等性状是植物获取能量能力的主要体现，对植物的生长发育具有十分重要的意义(宇万太等，2001)。苗高和地径与植物的抗逆性具有一定的关系，通常逆境胁迫越强，苗高和地径增长缓慢甚至停止生长，所以苗高和地径是衡量苗木在干旱胁迫下生长状况的重要性状(胡晓健等，2010)。通过对苗高和地径均值分析结果可知，杨树各无性系在不同程度的干旱胁迫下展现出不同的生长状况，这与胡晓健(2010)对不同种源马尾松(*Pinus massoniana*)在不同程度的干旱胁迫下的生长状况相似，这可能是由于不同杨树无性系间抗旱和耐旱能力不同造成的，进一步证明本研究对不同杨树无性系的评价选择是有意义的。在不同程度的干旱胁迫条件下，苗高和地径的生长受到了显著的抑制，根据结果可知，在土壤相对含水量达到 80% 时，苗高和地径就已经显著降低，生长受到了抑制，这与张英普等(1999)对在不同程度的干旱胁迫下玉米苗高的研究结果相似，说明轻度的水分亏缺就足以使植物生长显著减弱。根据本研究结果，在不同程度的干旱胁迫下苗高和地径生长均受到显著抑制，苗高和地径随着干旱胁迫程度的增加而逐渐减少，从未出现干旱胁迫后苗高大于对照处理的苗高的情况，这与肖冬梅等(2004)对水曲柳、胡桃楸、红松和椴树 4 个树种的干旱试验结果相似，这说明干旱胁迫对植物有明显的抑制作用，并且随着干旱胁迫程度的增加，苗高和地径受到的胁迫越严重。干旱胁迫同样会对植物的叶片性状起到抑制作用(Mcmillin et al.，1995)，根据分析结果可知，叶片数量随着干旱胁迫程度的增加而减少，这与唐罗忠(1998)对干旱胁迫条件下杨树无性系生长性状的研究结果相似，这是由于植物在干旱胁迫下，受干旱胁迫抑制，减少自身叶片数量以减少水分蒸腾量来应对干旱的生长环境。根据试验结果，叶长、叶宽和叶面积虽然大致随着干旱胁迫程度的增加而减少，但均在 40% 土壤相对含水量干旱胁迫条件下达到最大值，而其他干旱胁迫程度的叶长、叶宽和叶面积均低于对照，这与 Ibrahim(1998)对杨树的研究结果相似，这说明水分亏缺可显著减少杨树的叶长、叶宽及叶面积，而本研究在 40% 土壤相对含水量各叶片性状达到最大值，可能由于为了适应逐渐增加的干旱胁迫程度，由于叶片数量随干旱胁迫程度增加而减小，因此各杨树无性系为满足生长所需养分而增加叶片面积。

在干旱胁迫下，根系会产生形态和生理等方面的变化以达到适应干旱的生长环境，维持根系正常功能的目的，如根系长度较小，根系体积的变化等（山仑等，2006）。根发育的好坏直接影响地上部的形态建成，良好的根系发育对于地上部的生长具有重要意义（程建峰等，2007）。通过相关性分析结果表明，苗高和地径除与根体积相关性未达显著水平外，其余性状均达极显著正相关水平，这与张志勇（2009）对植物根系的研究结果相似，进一步证明了根系的形成及其发育的好坏直接影响地上部分的生长发育。通过对不同处理各性状均值分析结果可知，杨树各无性系在不同程度的干旱胁迫下，虽然变化趋势相似，但无性系间根系的发育状况则显著不同，这与 Sofi（2018）对菜豆在干旱胁迫下根系的发育研究结果相似，这可能由于不同杨树无性系间的抗旱性不同造成的，同时证明了本研究利用根系性状对杨树无性系的评价选择是有意义的。有均值分析结果可知，茎鲜重和根鲜重随着干旱胁迫程度的增加而减少，根干重和茎干重也大致呈现出随干旱胁迫程度的增加而减少的趋势，这与张洁等（2015）对不同品种苹果在干旱胁迫下的根系性状研究结果相似，说明当水分亏缺会限制根的生长，从而抑制地上部分的生长发育。虽然茎鲜重和茎干重均随干旱程度的增加而下降，但是根冠比则具有相反趋势，随干旱程度的增加而呈上升趋势，这与 Ponton（2002）的研究相似，这是由于杨树无性系为了适应水分亏缺，降低了杨树的苗高和地径生长，提高了根重比，而增加根的生长可以提高植物的抗旱性（Kage et al.，2004；Klepper et al.，1990）。根系含水率和根长度随着干旱胁迫程度的增大而减小，这与王家顺（2011）对干旱胁迫下茶树（*Camellia sinensis*）根系形态特征的研究结果相反，可能是由于树种不同以及植株生长环境不同造成的，而根直径和根体积则随着干旱胁迫程度的增大而增大，在40%土壤相对含水量处理条件下为最大值，在20%土壤相对含水量处理条件下为最小值，这与王家顺（2011）的研究结果相似，这是由于在干旱胁迫下，根直径增大会导致根的表面积和根体积增大，有利于增大跟表面与养分和水分的接触面积，提高养分和水分的利用率，而在20%土壤相对含水量干旱处理下根直径最小，可能是由于根表皮层细胞受到一定程度的损伤（刘友良，1992）。

由不同无性系各干旱胁迫处理均值对比分析结果可知，不同干旱胁迫处理条件，根系性状表型优良的无性系不尽相同，因此利用单一性状对各杨树无性系进行评价选择不够全面，因此本研究利用多性状综合评价法对各无性系苗高和地径进行联合评价选择(韩泽群等，2014)，结果表明，在 20%、40%、60%和 100%土壤相对含水量条件下，白城小青黑杨均呈现最优生长水平，其次为白林 3 号杨，在 80%土壤相对含水量条件下，白林 3 号杨呈现最优生长水平，其次为白城小青黑杨。

第7章

干旱胁迫下4个杨树无性系生理指标变异研究

　　植物生长受自身遗传物质和外界环境共同控制（Mahajan et al.，2005），不同生长环境中相同植物生长状态具有一定程度上的差异，表现出不同的表型（张立恒等，2018）。干旱是世界危害最为严重的自然灾害之一，水分亏缺严重影响植物自身遗传潜力的发挥（Zhu.，2002）。关于植物响应干旱胁迫的生理生化变化一直是植物生态学研究的热点，研究结果表明光合指标、气孔形态、抗氧化酶系统等指标在一定程度上可为植物抗旱性评价提供表型依据（董斌等，2018；孙佩等，2019）。

　　光合作用是林木产量形成的基础，是植物生长的基本代谢过程（王锋堂等，2017）。植物的光合作用对环境条件的变化十分敏感，当生长于干旱环境时植物的光合作用和气孔作用等会受到阻碍，影响植物的生长发育和生理生化及其代谢（陆钊华等，2003），进而抑制叶片扩展及植株干物质的积累（王凯悦等，2019）。叶绿素荧光理论和测定技术的进步，已成为近年来植物生理学研究的重要工具（Laurence et al.，2007），其测量技术被一致认为是一种无创、快速、简便的方法来研究胁迫对植物光合作用的影响（Ahammed et al.，2018）。研究表明，严重的干旱胁迫还会破坏植物叶片的叶绿体光合结构，造成 PS II 损伤，使得 PS II 最大光能转化效率 F_v/F_m 发生一系列动态变化，表现出抑制植物生长并引起生物量的变化。在正常情况下，植物体内活性氧和自由基的产生与清除处于平衡状态，植物体内酶系统的超氧化物歧化酶 SOD 和过氧化物酶 POD 协调一致，使植物自由基维持在一个较低的水平（Mishra et al.，1993）。研究表明，干旱诱导的膜脂过氧化是造成植物细胞受损的关键因素，在干旱胁迫下，植物体内会产生大量的活性氧而引发不饱和脂肪酸的氧化作用，破坏膜系统并导致植物细胞受伤害（姜英淑等，2009）。目前，已经有较多关于活性氧自由基与植物抗旱性关系的研究报道，如陈由强（2000）对花生幼叶活性氧伤害的研究、武宝轩（1985）关于小麦幼苗过氧化物歧化酶活性与幼苗脱水忍耐力相关性的研究、李明（2002）关于干旱胁迫对甘草幼苗保护酶活性剂脂质过氧化作用影响的研究和韩瑞莲（2002）关于干旱胁迫下沙棘膜脂过氧化保护体系的研究等，这些研究均证明保护酶活性与植物抗旱性有一定的关系。脯氨酸作为一种良好的渗透调节物质，在干旱胁迫条件下，植物体内会迅速积累脯氨酸，这些脯氨酸通过渗透调节来维持细胞正常的含水量和膨压势（燕平梅等，2000），从而加强植物的抗旱能力。

综上所述，光合指标、叶绿素荧光参数、抗氧化酶系统等均与植物的抗旱性有着较强联系，而联合这些指标在东北地区对杨树评价则鲜见报道。本研究以4个杨树无性系品种为试验材料，进行不同程度的干旱处理，从叶片光合特性、叶绿素荧光参数、抗氧化酶系统等多角度研究干旱胁迫对杨树各生理指标变化情况，以期为杨树在东北干旱及半干旱地区的生理机理探讨提供基础。

7.1　试验材料和研究方法

7.1.1　试验材料与处理

试验于2018年4月底在东北林业大学温室（东经126°61′、北纬45°78′，海拔127 m）内开展，以白城小黑杨（*Populus simonii*×*P. nigra* 'Baicheng-1'）、白城小青黑杨（*Populus pseudo simonii*×*P. nigra* 'Baicheng-1'）、白林3号杨（*Populus simonii*×*P. nigra* 'Bailin-3'）及白城5号杨（*Populus*×*Xiaozhanica* 'Baicheng-5'）为材料进行扦插扩繁，每个无性系扩繁100株，放于高25.5cm，口内径22.6cm的花盆中。试验土壤配比为细沙：黑土：草炭土为2∶1∶1，每盆扦插1株，待成活后在温室内通过控水调节完成干旱胁迫试验。

采用室内环刀法测定土壤田间持水量为28.90%（预试验于6月下旬开始，选取5盆苗木为预实验材料，开展预试验后，于每日上午8:30和下午5:00对5盆预试验材料进行称重，记录每日土壤水分流失量，并观察苗木植株形态变化，为后期试验开展提供依据）。根据预试验结果，试验设置1组对照和4种干旱胁迫水平，分别为土壤田间持水量的100%（对照）、80%、60%、40%和20%。于7月中旬，正式开展试验，试验开展后每2天按照土壤田间持水量进行浇水1次。

7.1.2　各指标测定方法

每个无性系各处理选择10个单株进行标记，在胁迫后30天无损测定各单株光合指标与叶绿素荧光参数，每个单株选取第5~7轮叶片进行测定。

对测定光合指标后的叶片进行采样，测定叶片气孔各指标与抗氧化酶系统（各利用 15 片叶片进行）。

光合指标测定：上午 9:00~11:00 利用 lico-6400 光合测定系统对各单株叶片进行光合指标的测定，测定时光照强度设定为 $1000\mu mol \cdot m^{-2} \cdot s^{-1}$，二氧化碳浓度设定为 $380\mu mol \cdot mol^{-1}$，测量指标为叶片瞬时净光合速率（Photosynthesis rate，Pn）、气孔导度（Stomatal conductance，Gs）、胞间二氧化碳浓度（Intercellular CO_2 dioxide concentration，Ci）和蒸腾速率（Transpiration rate，Tr）；同时利用公式 $Wue = Pn \,/\, Tr$ 计算瞬时水分利用效率（Water use efficiency，WUE）；利用公式 $Ls = 1 - Ci/Ca$ 计算气孔限制值（Limiting value of stomata，Ls），式中 Ca 为设定二氧化碳浓度，Ci 为胞间二氧化碳浓度。

叶绿素荧光参数测定：上午 9:00~11:00 利用脉冲式叶绿素荧光仪 PAM-2500 对各单株叶片进行叶绿素荧光测定，叶片暗适应 20 min 后测定初始荧光（F_0），随后加一个饱和脉冲（$6000\mu mol \cdot m^{-2} \cdot s^{-1}$，脉冲时间为 0.7 s），测定最大荧光（$F_m$）。利用公式 $F_v/F_m = (F_m - F_0)/F_m$ 计算 PS Ⅱ 最大光能转化效率 F_v/F_m。

叶片气孔性状测定：采样的各叶片带回实验室，将叶片表面擦拭干净，采用指甲油印迹法，选择叶片下表皮靠近叶脉部位均匀涂上无色指甲油，晾干，然后用透明胶带粘下指甲油薄膜层，剪成 1cm×1cm 方块，置于载玻片上展平，盖好盖玻片，用光学显微镜分别在 100 倍和 400 倍下观察并照相，在 100 倍镜视野下统计气孔数目，气孔密度＝气孔数目/视野面积（Stomatal density，SD），在 400 倍镜视野下随机抽取完整清晰的气孔，测量气孔长度（Stomatal length，SL）、气孔器长度（Stomatal apparatus length，SAL）、气孔宽度（Stomatal width，SW）、气孔器宽度（Stomatal apparatus width，SAW）、气孔面积（Stomatal area，SA）和气孔周长（Stomatal perimeter，SP），每个叶片观测 3 个视野，共计测定 30 个视野。

采样的各叶片放入液氮中带回实验室进行抗氧化酶系统的测定，超氧化物歧化酶（SOD）和过氧化物歧化酶（POD）的测量方法参照张宝（2016）的测定方法。脯氨酸（PRO）含量的测定方法参考张成军（2005）的测定方法。

7.1.3　数据统计分析

测定数据利用 Excel 2016 进行整理和作图，利用 SPSS22.0 进行数据方差分析，方差分析线性模型为：

$$X_{ijk} = \mu + C_i + B_j + CB_{ij} + e_{ijk} \qquad (7\text{-}1)$$

式中：μ 为总体平均值，C_i 为无性系效应，B_j 为处理效应，CB_{ij} 为无性系和处理的交互效应值，e_{ijk} 为环境误差。

7.2　结果与分析

7.2.1　方差分析

不同处理下各性状方差分析结果见表 7-1，除气孔器长在处理间、SOD 在无性系间、无性系与处理交互作用间、Pro 在无性系与处理交互作用间差异不显著外，其余各性状在无性系间、处理间和无性系与处理交互作用间均达到极显著差异水平（$P<0.01$）。

表 7-1　干旱胁迫处理下各性状方差分析

性状	变异来源	平方和	df	均方	Sig.
瞬时光合速率 Pn	无性系	176.21	3	58.74	0.000
	处理	4430.71	4	1107.68	0.000
	无性系 × 处理	565.08	12	47.09	0.000
气孔导度 Gs	无性系	0.45	3	0.15	0.000
	处理	6.46	4	1.61	0.000
	无性系 × 处理	0.81	12	0.07	0.000
胞间二氧化碳浓度 Ci	无性系	132877.55	3	44292.52	0.000
	处理	867041.05	4	216760.26	0.000
	无性系 × 处理	247208.14	12	20600.68	0.000
蒸腾速率 Tr	无性系	18.10	3	6.03	0.000
	处理	1496.08	4	374.02	0.000
	无性系 × 处理	171.26	12	14.27	0.000
水分利用率 WUE	无性系	12.87	3	4.29	0.000
	处理	432.72	4	108.18	0.000
	无性系 × 处理	99.33	12	8.28	0.000
Fv/Fm	无性系	0.0135	3	0.0045	0.000
	处理	0.0264	4	0.0066	0.000
	无性系×处理	0.0684	12	0.0057	0.000
气孔限制值 LS	无性系	0.70	3	0.23	0.000
	处理	5.26	4	1.31	0.000
	无性系 × 处理	1.50	12	0.13	0.000
气孔长度 SL	无性系	1098.19	3	366.06	0.000
	处理	29.80	4	7.45	0.000
	无性系 × 处理	305.9	12	25.49	0.000

（续）

性状	变异来源	平方和	df	均方	Sig.
气孔宽度 SW	无性系	18.76	3	6.25	0.000
	处理	5.06	4	1.27	0.000
	无性系×处理	38.19	12	3.18	0.000
气孔周长 SP	无性系	4286.59	3	1428.86	0.000
	处理	168.98	4	42.25	0.009
	无性系×处理	834.17	12	69.51	0.000
气孔器长 SAL	无性系	331.5	3	110.50	0.000
	处理	46.53	4	11.63	0.042
	无性系×处理	816.63	12	68.05	0.000
气孔器宽 SAW	无性系	315.35	3	105.12	0.000
	处理	86.73	4	21.68	0.000
	无性系×处理	424.53	12	35.38	0.000
气孔密度 SD	无性系	42628.26	3	14209.42	0.000
	处理	11698.91	4	2924.73	0.000
	无性系×处理	38381.49	12	3198.46	0.000
气孔面积 SA	无性系	8629.29	3	2876.43	0.000
	处理	1701.84	4	425.46	0.000
	无性系×处理	12976.09	12	1081.34	0.000
过氧化物歧化酶 POD	无性系	11167.08	3	3722.36	0.000
	处理	40330.54	4	10082.63	0.000
	无性系×处理	11101.23	12	925.10	0.010
超氧化物歧化酶 SOD	无性系	990.79	3	330.26	0.049
	处理	5705.48	4	1426.37	0.000
	无性系×处理	1325.15	12	110.43	0.500
脯氨酸 Pro	无性系	416.27	3	138.76	0.001
	处理	1242.08	4	310.52	0.000
	无性系×处理	217.95	12	18.16	0.000

7.2.2　不同干旱胁迫处理下杨树光合响应变化

干旱胁迫条件下 4 个杨树无性系净光合速率、气孔导度和气孔限制值变化如图 7-1、所示。随着土壤水分含量的逐渐降低，杨树净光合速率受到明显的抑制，呈现持续下降趋势，其中白城小青黑杨在不同胁迫梯度上均优于其它无性系；当土壤田间持水量为 80% 时各无性系瞬时光合速率与对照相差不大；当土壤田间持水量为 60% 时，白城小青黑杨、白林 3 号杨、白城 5

号杨和白城小黑杨的瞬时光合速率分别降低为对照的 88.29%、83.07%、74.66% 和 71.56%；当土壤田间持水量为 20% 时，各无性系光合值趋近于 0。气孔导度的变化规律与净光合速率基本一致。当土壤相对含水量持续降低为 20% 时，各无性系气孔导度值相比于对照分别下降了 79.63%（白城小黑杨）、80.33%（白林 3 号杨）、82.57%（白城 5 号杨）和 80.69%（白城小青黑杨）；气孔限制值变化规律呈现先上升后下降的趋势，当土壤相对含水量到达 40% 时最高，不同处理条件下各无性系平均气孔限制值变化范围为 0.13~0.38。

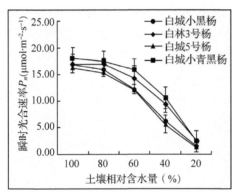
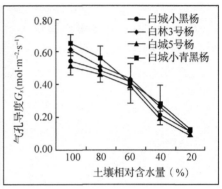

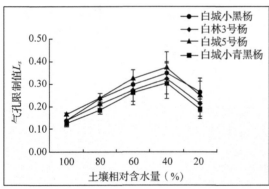

图 7-1　干旱胁迫下叶片瞬时光合速率、气孔导度及气孔限制值变化

7.2.3　不同干旱胁迫处理下杨树叶片胞间二氧化碳浓度、蒸腾速率和水分利用率

由图 7-2 可以看出，随着土壤相对含水量的逐渐降低，各杨树无性系叶片胞间二氧化碳浓度呈现出先下降后上升的趋势，变化范围为 236.89~330.78μmol·mol⁻¹；当土壤相对含水量高于 60% 时，胞间二氧化碳浓度呈下降趋势，当土壤相对含水量低于 60% 时，胞间二氧化碳浓度呈上升趋势，变化范围为 236.89~330.78μmol·mol⁻¹；各无性系蒸腾速率随着干旱胁迫的加剧均呈现下降趋势，当土壤田间持水量为 80% 时，各无性系蒸腾速率相

比于对照差异较小，降低范围为对照的 2.91%～7.59%；随着干旱胁迫的继续加大，各无性系均出现急剧下降，白城小黑杨、白林 3 号杨、白城 5 号杨和白城小青黑杨相比对照分别下降了 31.43%、29.74%、33.65% 和 27.20%；当土壤田间持水量下降为 20% 时，各无性系蒸腾速率分别为对照的 15.25%、17.76%、15.30% 和 18.22%；随着干旱胁迫的加剧，各无性系水分利用率均呈现先上升后下降的趋势，当土壤田间持水量为 60% 时各无性系水分利用率相比于对照分别上升了 4.36%（白城小黑杨）、18.24%（白林 3 号杨）、12.52%（白城 5 号杨）和 21.27%（白城小青黑杨）；当土壤相对含水量低于60% 时，各无性系水分利用率出现明显下降趋势，其中白城 5 号杨下降最为明显；当土壤田间持水量为 20% 时各无性系水分利用率相比于对照分别下降了 44.52%（白城小黑杨）、24.08%（白林 3 号杨）、46.65%（白城 5 号杨）和 26.54%（白城小青黑杨）。

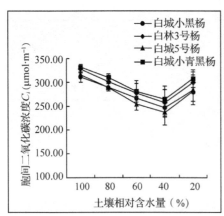

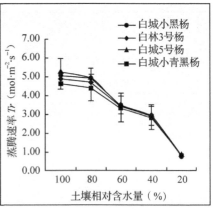

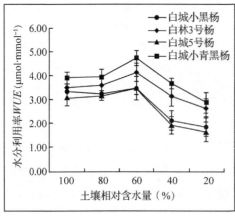

图 7-2　不同干旱胁迫下叶片胞间二氧化碳浓度、蒸腾速率及水分利用率变化

7.2.4　不同干旱胁迫处理下杨树叶片气孔形态变化规律

不同干旱胁迫处理下叶片气孔形态变化如图 7-3 和图 7-4 所示。由图可知，各无性系气孔长、气孔宽、气孔器长和气孔器宽均随着土壤相对含水量的降低呈现出不同程度的降低，但不同无性系间差异较大。当土壤相对含水量为 60% 时，各无性系叶片气孔长分别降低为对照的 62.30%（白城小黑杨）、69.86%（白林 3 号杨）、73.14%（白城 5 号杨）和 73.25%（白城小青黑杨）；随着土壤相对含水量的持续降低，白城 5 号杨和白城小黑杨的降低速度明显低于其它无性系。叶片气孔宽变化规律与叶片气孔长变化规律相似，在土壤相对含水量为 80% 时，白城小黑杨下降幅度最大为对照的 15.38%；当土壤含水量为 60% 时，白城小黑杨和白城 5 号杨下降最为明显，相比于对照分别降低了 35.47% 和 31.60%；当土壤相对含水量为 20% 时，各无性系降至最低值，白城小黑杨、白林 3 号杨、白城 5 号杨和白城小青黑杨相比于对照分别降低 46.88%，56.11%，42.86% 和 63.29%。各无性系气孔器长、宽随着土壤相对含水量的降低，均表现为下降趋势。从气孔器长的变化趋势来看，除白城 5 号杨在土壤含水量为 80% 处理下表现出明显降低，其余无性系在 80% 处理下与对照相差不明显；当土壤相对含水量为 20% 时各无性系

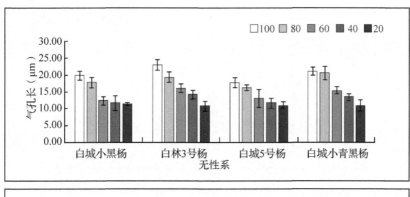

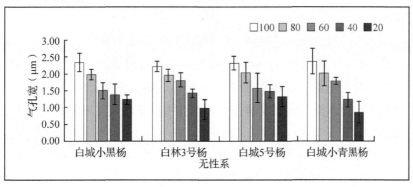

图 7-3　不同干旱胁迫下叶片气孔长和气孔宽变化

均表现出最低值，分别为对照的 74.19%（白城小黑杨）、75.93%（白林 3 号杨）、79.11%（白城 5 号杨）和 73.99%（白城小青黑杨）。不同无性系气孔器宽变化趋势不同，其中白城小黑杨与白城 5 号杨变化幅度较其余 2 个无性系小；除白城小青黑杨 60%处理与 80%处理变化较小外，其余处理间变化较大；当土壤相对含水量为 20%时各无性系相比于对照分别降低 11.84%（白城小黑杨）、32.22%（白林 3 号杨）、7.27%（白城 5 号杨）和 27.64%（白城小青黑杨）。

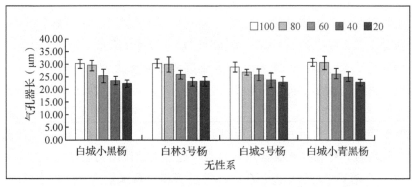

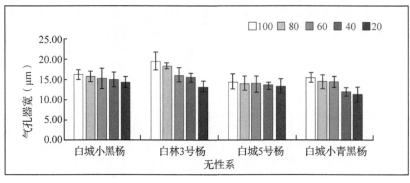

图 7-4　不同干旱胁迫下叶片气孔器长和气孔器宽变化

7.2.5　不同干旱胁迫处理下杨树叶片气孔密度与气孔面积

由图 7-5 可以看出，4 个杨树品种处理组和对照组的叶片气孔密度相比具有明显降低；随着土壤相对含水量的降低，各无性系呈现逐步下降的趋势。相比于对照不同无性系受胁迫影响气孔密度下降幅度不同，当土壤含水量为 20%时，各无性系气孔密度降低至最小值，分别为对照组的 73.32%（白城小黑杨）、77.68%（白林 3 号杨）、81.57%（白城 5 号杨）和 77.60%（白城小青黑杨）。随着土壤相对含水量的降低，各无性系叶片气孔面积均表现为持续下降，不同土壤相对含水量下各无性系气孔面积最低值分别较各

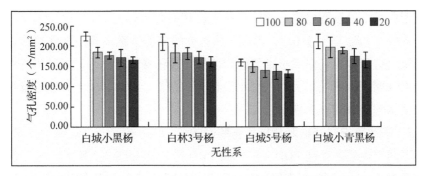

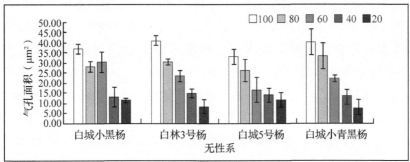

图 7-5 不同干旱胁迫下叶片气孔密度与气孔面积变化

自对照组降低 25.65%（白城小黑杨）、45.27%（白林 3 号杨）、35.58%（白城 5 号杨）和 38.37%（白城小青黑杨）。

7.2.6 干旱胁迫对杨树叶片 F_v/F_m 的影响

F_v/F_m 指最大光能转化效率，是用来研究植物逆境响应的重要参数。随着干旱胁迫程度的增加，4 个无性系的最大光能转化效率 F_v/F_m 均呈逐渐下降的趋势（图 7-6）。在各干旱水平中，白城小青黑杨和白林 3 号杨的 F_v/F_m

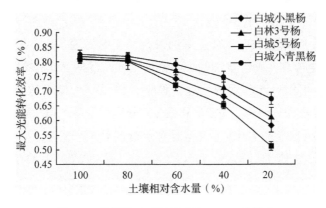

图 7-6 干旱胁迫对杨树叶片 F_v/F_m 的影响

均高于白城小黑杨和白城 5 号杨；在土壤相对含水量为 100% 和 80% 时，各无性系的 F_v/F_m 均大于 0.8；不同干旱程度的各无性系虽均呈下降趋势，但下降幅度有所差异。白城小青黑杨和白林 3 号杨降幅较小，从土壤相对含水量为 40% 时降幅开始增大；白城小黑杨和白城 5 号杨降幅较大，在土壤相对含水量达到 20% 时最为明显。

7.2.7　干旱胁迫对杨树叶片抗氧化酶影响

不同无性系各处理 POD、SOD 和 PRO 平均值如图 7-7 所示。各无性系 POD 值均在 60% 土壤相对含水量的处理条件下展现出最高水平，且 POD 值均展现出随土壤相对含水量的增加而先上升后下降的趋势。在 20% 和 40% 的土壤相对含水量的处理条件下，白城小青黑杨的 POD 值最高，达到 82.96U/(g·FW) 和 154.07U/(g·FW)，分别高出总体平均值 12.00% 和 36.84%。在 60%、80% 和 100% 的土壤相对含水量的处理条件下，白城小黑杨的平均值最高，达到 180.74U/(g·FW)、162.96U/(g·FW) 和 133.33U/(g·FW)，分别高出总体平均值 17.88%、25.00% 和 14.64%。除在 20% 土壤相对含水量条件下，白城小黑杨的 POD 值最低外，其余处理条件下，白城 5 号杨的 POD 值均为最低。

各无性系 SOD 值均在 60% 土壤相对含水量的处理条件下展现出最高水平，且 SOD 值同样展现出随土壤相对含水量的增加而先上升后下降的趋势。在 20%、40%、60%、80% 和 100% 土壤相对含水量的处理条件下，白城小青黑杨的 SOD 值均最高，达到 457.68U/(g·FW)、474.70U/(g·FW)、484.63U/(g·FW)、480.85U/(g·FW) 和 471.39U/(g·FW)，分别高于平均值 1.68%、2.27%、1.06%、1.85% 和 1.04%。除 100% 土壤相对含水量条件下，白城小黑杨的 SOD 值最低外，其余处理条件下，白城 5 号杨的 SOD 值均最低。

各无性系 PRO 值均在 20% 土壤相对含水量的处理条件下展现出最高水平，且 PRO 值展现出随土壤田间含水量的增加而逐渐下降的趋势。在 20%、40% 和 60% 土壤相对含水量的处理条件下，白城小青黑杨的 PRO 值最高，达到 27.03vg/g、21.84vg/g 和 22.48vg/g，分别高于平均值 7.43%、23.18% 和 30.39%。在 80% 和 100% 土壤相对含水量的处理条件下，白林 3 号杨的 PRO 值最高，达到 16.85vg/g 和 14.04vg/g，分别高于平均值 15.17% 和 22.83%。在 20%、40%、60%、80% 和 100% 土壤相对含水量条件下，白城 5 号杨的 PRO 值均为最低。

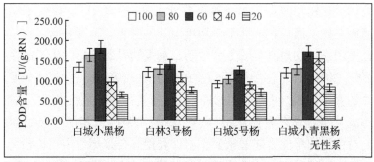

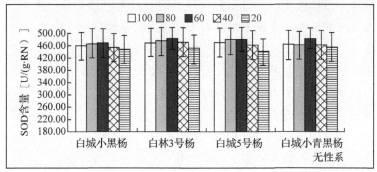

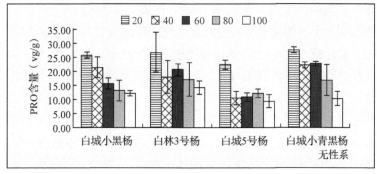

图 7-7　不同无性系各处理 POD、SOD 和 PRO 对比图

7.3　讨论

干旱是限制植物生长的重要非生物胁迫因素之一（Huang et al., 2012）。当植物在干旱条件下生长时，植物的呼吸作用、光合作用和气孔作用等会受到一定程度的阻碍，进而影响植物的生长发育和生理生化及其代谢（孙佩等，2019）。由于不同基因型对干旱胁迫的适应能力不同，在不同干旱环境中的生产力也不同（杨敏生等，2002）。对本研究中 4 个杨树无性系不同干旱条件下各指标进行方差分析，结果表明多数性状在无性系间、处理间和无

性系与处理交互作用间均达到极显著差异水平（$P<0.01$）。说明不同无性系间存在遗传差异，而且在不同干旱环境中其响应方式不同。

光合作用是植物最基本的生命活动，其强弱是影响植物生长的主要因素（姬慧娟等，2016），干旱胁迫下植物的净光合速率变化是植物对干旱胁迫适应能力的直接体现（杨标等，2017），叶片气孔导度的变化在一定程度上对植物的抗旱能力具有重要作用（阮成江等，2001），其他光合指标也在一定程度上对植物抗旱能力起着重要作用。利用光合指标作为评价指标，对植物的耐旱能力进行鉴定，筛选出的材料具有较高的利用价值。本研究中，4个杨树无性系的瞬时光合速率均随着土壤相对含水量的降低而快速下降，且气孔导度也出现明显下降，二者相关性达到极显著水平。光合速率的降低表明干旱胁迫对植物光合系统造成一定程度的影响。部分研究表明干旱条件下植物光合速率降低，主要有两方面原因导致，一是气孔因素起主导作用，二是叶肉细胞中RUBP羧化酶活性降低导致（Alexander et al.，2007；Grassi et al.，2005）。根据Farquhar等（1982）观点，判断植物光合作用降低的原因是气孔或非气孔限制影响的因素是胞间二氧化碳浓度的变化方向。本研究中导致光合速率变化的因素与付士磊等（2006）研究结果相似，当土壤相对含水量大于40%时，4个杨树无性系胞间二氧化碳浓度随着水分的减少而持续降低，胞间二氧化碳浓度变化趋势与气孔导度和气孔限制值变化趋势一致，表明此时叶片光合速率下降是由叶片气孔部分关闭导致的；当土壤相对含水量低于40%时，出现上升趋势，说明此时叶片光合速率受非气孔限制因素影响。

水分对植物生长发育具有重要作用，植物的水分利用率是指植物消耗水分形成有机物质的效率，是植物利用水分的一个重要评价指标（刘莹等，2017），其高低是林木在干旱地区造林成活的主要因素之一。对植物水分利用效率进行评价，可为植物在不同生境推广利用提供有效的科学基础。本研究中，不同土壤相对含水量下，苗木水分利用率随土壤相对含水量的逐渐降低大体呈现为先上升后下降的趋势，除胁迫程度与钟培芳（2018）和陈超（2014）等研究不同外，水分利用率变化趋势与其一致。植物水分利用率受蒸腾速率气孔等影响，本研究中，随着土壤相对含水量的降低，为维持基本代谢活动，4个杨树无性系蒸腾速率和气孔导度均随干旱胁迫程度的加重而呈现下降趋势，而水分利用率却呈现出不同变化，出现这种结果的主要原因可能是由于气孔导度下降导致光合速率和蒸腾速率产生变化，但叶片蒸腾速率下降速度较光合速率下降快所导致。部分研究表明高水分利用率是植物对水分亏缺的一种响应（Jaleel et al.，2008），也是植物应对干旱环境的一种表现(孙学凯等，2008)。本研究中，当土壤相对含水量降至40%时，与对照相比白城小青黑杨和白林3号杨还具有较高的水分利用率，因此在水分匮乏环境下选用白城小青黑杨和白林3号杨等水分利用率较高无性系具有重要意义。

　　气孔是植物与外界进行气体交换的门户，外界二氧化碳通过气孔进入植物的叶肉细胞，叶肉及表皮细胞的水分通过气孔蒸发到环境中(司建华等，2008)。植物蒸腾作用中气孔蒸腾占据重要地位，而气孔密度及大小与其蒸腾作用密切相关(郑淑霞等，2004)。对不同干旱胁迫下叶片气孔形态变化进行研究，对于了解植物响应水分胁迫产生的变化具有重要意义。部分研究表明植物在逆境中会产生相应变化来适应环境的改变，本研究中杨树通过改变气孔形态和密度来适应干旱的胁迫，不同干旱胁迫处理下，除气孔器长差异不显著外，其余气孔形态指标均达极显著差异水平。各气孔指标均随土壤相对含水量的降低，呈现减小趋势，这与Tardieu和Tuberosa(2010)对胁迫处理下气孔孔径和数量减少的结果相同。本研究中气孔形态指标间相关性达极显著水平与王锋堂等(2017)对干旱胁迫下热带樱花的研究结果相同。部分研究表明植物在逆境中会产生相应变化来适应环境的改变，本研究中杨树通过改变气孔形态和密度来适应干旱的胁迫，植物气孔形态特征和密度的改变对植物适应干旱环境，维持基本代谢活动具有重要意义。

　　F_v/F_m是暗适应下植物叶片PSⅡ反应中心的最大光能转化效率，正常情况下植物叶片F_v/F_m的数值变化极小，比较恒定，通常在0.80~0.85之间(段娜等，2018)，当出现胁迫时，该数值会明显降低。研究认为它是逆境胁迫下植物发生光抑制的敏感指标，与PSⅡ反应中心的损伤成反比，因而被广泛应用于植物的早期胁迫检测(马迎莉等，2019；Ottosen，2015；Prieto et al.，2009)。本研究中随着干旱程度的加深，各无性系的F_v/F_m均呈下降趋势，这与丛雪等人对玉米的研究结果一致(丛雪等，2010)。当土壤相对含水量为100%和80%时，四个无性系的F_v/F_m均高于0.80，表明4个杨树无性系的叶片此时均处于正常生理状态；当土壤相对含水量低于80%时，各无性系F_v/F_m低于0.80并持续降低，表明植物受到了胁迫，各无性系开始产生不同程度的光抑制，这可能是由于干旱胁迫导致杨树叶片的PSⅡ等光合结构遭到破坏，光化学活性降低(马迎莉等，2019)。本研究显示，在受到不同程度的干旱胁迫时，白城小黑杨和白城5号杨的F_v/F_m相对较低，降幅相对较大，表明这两个无性系更容易受到光抑制的影响，抗旱能力相对较弱。

　　超氧化物歧化酶SOD和过氧化物歧化酶POD普遍存在于植物组织中，

是活性氧防御体系成分，其活性的强弱与植物的抗逆性有一定的关系（张宝等，2016）。通过对不同干旱胁迫处理超氧化物歧化酶 SOD 和过氧化物歧化酶 POD 的均值分析可知，SOD 和 POD 酶活性均随着干旱胁迫程度的增加呈先上升后下降的趋势，都是在 60% 土壤相对含水量时酶活性达到最大值后酶活性开始下降，并且都是 80% 和 60% 土壤相对含水量时的酶活性大于对照，而 20% 和 40% 土壤相对含水量是的酶活性低于对照值。这与赵黎芳（2003）关于干旱胁迫对大豆苗期叶片保护酶活性的研究结果相似，这是由于在轻度干旱胁迫条件下，植物体内酶活性被胁迫诱导提高，可以有效地清除一部分活性氧，缓解或消除活性氧对植物体造成的伤害。但随着干旱胁迫逐渐加重，植物体内保护酶系统的平衡遭到破坏，不能对活性氧进行及时清理，造成活性氧的积累，膜脂过氧化加剧，导致整体模损伤。SOD 和 POD 是杨树体内重要的保护酶，两者相互协调，共同增强杨树的抗旱性。由不同无性系各处理不同性状平均值分析结果可知，在 20% 和 40% 的土壤相对含水量的处理条件下，白城小青黑杨的 POD 值最高，在 60%、80% 和 100% 的土壤相对含水量的处理条件下，白城小黑杨的平均值最高，在 20%、40%、60%、80% 和 100% 土壤相对含水量的处理条件下，白城小青黑杨的 SOD 值均最高，而 SOD 和 POD 酶活性总是抗旱性高的品种高于不抗旱的品种（卢少云等，1997），说明在本研究中白城小青黑杨和白林 3 号杨可能具有比较优良的抗旱性。脯氨酸具有分子量低，高度水溶性，以游离状态存在于植物体中，是一种植物组织内理想的渗透调节物质（Tang，1989）。由脯氨酸 PRO 均值分析结果可知，随着干旱胁迫程度的加重，脯氨酸 PRO 也随着增长，在 20%、40%、60% 和 80% 土壤田间持水量的处理条件下的 PRO 值分别高于对照 120.12%、55.12%、50.83% 和 28.00%，这与陈亚鹏（2003）关于干旱胁迫下胡杨脯氨酸累计特点分析的研究结果相似，这是由于在干旱胁迫下，植物体内脯氨酸迅速积累，通过质量作用定律进行渗透调节，从而增强植株的保水能力（Bohnert et al.，1996）。杨树体内的脯氨酸含量随干旱胁迫的加深而积累，是杨树对干旱胁迫的一种生理反应，有利于提高渗透调节能力，以保持原生质与环境间的渗透平衡，防止水分过度散失（Kano et al.，2011）。

第 8 章

不同地点 7 个杨树无性系苗期生长性状变异及稳定性分析

　　植物生产力取决于立地条件，如环境条件和土壤条件（Duan et al.，2018），估计不同环境条件下林木生产力是森林管理和育种的核心要素（Berrill and O'Hara，2014）。在良好的环境条件下，杨树具有能在较短的时间内产生较大的生物量，并能保持多年高产量的能力（Makeschin，1999）。但由于杨树生长具有广泛的变异性，一些影响树木生长的因素（气候和土壤立地条件）等不同于遗传因素的重要性往往被低估（Bergante et al.，2010）。因此，有必要深入研究杨树品种对不同环境条件和土壤的适应能力（Bergante et al.，2010）。

　　基因与环境相互作用的评估方式有多种，其中最常见的方法是简单回归分析和多元回归分析，但回归分析具有一定的局限性（De et al.，2010）。近些年，基于基因型、环境及其相互作用的 AMMI 模型的开发为品种与环境互作研究提供更为有效的方法（De et al.，2010）。本研究中，调查研究了 7 个不同杨树品种在 3 个不同地点的树高和地径，对其遗传变异参数与遗传稳定性进行分析，本研究的主要目的是：①探讨不同地点杨树扦插苗生长的变异程度；②评估表型和遗传变异；③评价 7 个杨树品种在 3 个不同地点的稳定性和适应性；④适地适树，为不同地点选择适应的优良无性系。

8.1　材料与方法

8.1.1　试验地点与材料

　　2016 年春季利用 1 年生苗根在吉林四平市梨树县苗圃（LS）、黑龙江省齐齐哈尔错海林场（CH）和黑龙江省富锦东方岗国有林场（FJ）等 3 个地点进行品种与立地互作试验林的营建，各地点主要气候特征和土壤营养元素含量见表 8-1。

本研究选用 7 个杨树无性系（10、18、23、28、30、50、51），均通过杂交得到，具体杂交组合见表 8-2。试验采用随机完全区组试验，5 个区组，每个区组 6 次重复，株行距 3×3m。

表 8-1　试验点的环境条件与土壤元素含量

地点	纬度	经度	海拔（m）	降雨量（mm）	平均气温（℃）	无霜期（d）	C	N	P	K
							（mg/g）			
FJ	47°25′N	132°03′E	58	530	2.5	100~140	74.16	6.73	1.13	13.36
CH	47°33′N	123°18′E	248	465	3.4	100~140	10.06	1.30	0.48	21.6
LS	43°15′N	124°41′E	171	614	6.9	100~140	16.62	1.65	0.66	18.63

注：FJ、CH 和 LS 分别表示富锦、错海和梨树。

表 8-2　无性系杂交组合表

无性系	杂交亲本	拉丁名
10	山地 1 号×小黑杨	(*P. deltoides* × *P. nigra* cv. shandis 1)×(*P. simonii* × *P. nigra*)
18	小黑杨×迎春 5 号	(*P. simonii* × *P. nigra*)×(*P. nigra* × *P. simonii* cl. Zhonglin Sanbei-1)
23	小叶杨×迎春 5 号	(*P. simonii*)×(*P. nigra* × *P. simonii* cl. Zhonglin Sanbei-1)
28	小叶杨×迎春 5 号	(*P. simonii*)×(*P. nigra* × *P. simonii* cl. Zhonglin Sanbei-1)
30	小叶杨×迎春 5 号	(*P. simonii*)×(*P. nigra* × *P. simonii* cl. Zhonglin Sanbei-1)
50	小黑杨×迎春 5 号	(*P. simonii* × *P. nigra*)×(*P. nigra* × *P. simonii* cl. Zhonglin Sanbei-1)
51	小黑杨×迎春 5 号	(*P. simonii* × *P. nigra*)×(*P. nigra* × *P. simonii* cl. Zhonglin Sanbei-1)

8.1.2　数据调查

2018 年落叶后对各地点试验林所有单株（去掉死亡、风折的单株）树高（H）和地径（BD）进行全林调查，树高和地径分别利用塔尺和游标卡尺进行测定。

8.1.3　数据分析

所有统计分析均采用 SPSS（13.0 版）进行分析。根据 Hansen 等（1997）的方法，通过方差分析（ANOVA）确定无性系在不同地点条件下的变异情况：

$$y_{ijk} = \mu + \alpha_i + \beta_j + \alpha\beta_{ij} + \varepsilon_{ijk} \tag{8-1}$$

式中，y_{ijk} 表示无性系 i 在处理 j 下的表现，μ 表示总体均值，α_i 表示无性系效应，β_j 表示地点效应，$\alpha\beta_{ij}$ 表示无性系与地点的交互作用，ε_{ijk} 表示随机误差。

不同性状的表型变异系数（PCV）和遗传变异系数（GCV）分别利用如下公式进行计算（Liu et al., 2015）：

$$PCV = \frac{\sqrt{\sigma_P^2}}{\bar{X}} \times 100 \tag{8-2}$$

式中, σ_P^2 和 $\overline{X}$ 分别表示表型方差分量和某一性状均值。

$$GCV = \frac{\sqrt{\sigma_G^2}}{\overline{X}} \times 100 \qquad (8\text{-}3)$$

式中, σ_G^2 和 $\overline{X}$ 分别表示遗传方差分量和某一性状均值。

两个性状表型相关系数根据以下公式计算(Li et al., 2017):

$$r_{A(xy)} = \frac{\sigma_{A(xy)}}{\sqrt{\sigma_{A(x)}^2 \sigma_{A(y)}^2}} \qquad (8\text{-}4)$$

式中, $\sigma_{A(xy)}$ 表示性状 x 和 y 的表型协方差, $\sigma_{A(x)}^2$ 和 $\sigma_{A(y)}^2$ 分别表示性状 x 和性状 y 的表型方差分量。

重复力根据以下公式进行计算(Yin et al., 2017):

$$R = 1 - \frac{1}{F} \qquad (8\text{-}5)$$

式中, F 为方差分析中的 F 值。

利用 AMMI 模型进行 3 个地点不同杨树无性系树高(H)和地径(BD)的稳定性和适应性, 根据 Zhao 等(2016)的线性模型:

$$y_{ijr} = \mu + \alpha_i + \beta_j + \sum_{k=1}^{n} \lambda_k \varphi_{ik} \delta_{jk} + \varepsilon_{ijr} \qquad (8\text{-}6)$$

式中, μ 表示总体均值, α_i 表示无性系平均偏差, β_j 表示环境的平均偏差, λ_k 表示第 k 个主成分分析的特征值, φ_{ik} 表示第 k 个主成分的基因型主成分得分, δ_{jk} 表示第 k 个主成分的环境主成分得分, ε_{ijr} 表示误差。以上参数利用 DPD 软件计算得到, 得到的结果可以增加主成分分析(PCA)作为解释不同无性系在不同环境条件下稳定性的。

8.2　结果与分析

8.2.1　不同地点树高和地径的方差分析

方差分析结果表明无性系、地点及地点与无性系的交互作用间树高和地径差异均达极显著水平($P<0.01$), 见表 8-3。

表 8-3　不同立地条件下 7 个无性系树高、胸径的方差分析

性状	变异来源	DF	MS	F	Sig.
	地点	2	104.744	1394.712	0.00
H	无性系	6	1.216	16.195	0.00
	地点×无性系	12	0.480	6.397	0.00

（续）

性状	变异来源	DF	MS	F	Sig.
	地点	2	22062.396	858.906	0.00
BD	无性系	6	72.579	2.826	0.00
	地点×无性系	12	96.227	3.746	0.00

注：H 和 BD 分别表示树高、地径。DF、MS、F 和 Sig. 分别表示自由度、均方、F 检验中的 F 值和显著性。

8.2.2　平均值及优良无性系选择

树高和地径在不同地点的平均值见表 8-4。所有无性系树高和地径在错海的数值最大分别为 4.00m 和 48.49mm，比富锦分别高出 2.14m 和 32.02mm，比梨树略高出 0.04m 和 2.73mm。18、23、28 和 51 无性系在错海的平均树高最高，分别为 3.90m、3.92m、4.38m 和 3.88m，比较低的富锦树高分别高出 2.24m、1.82m、2.36m 和 2.15m。10、30 和 50 无性系在梨树的平均树高最高分别为 4.53m、4.14m 和 4.05m，比较低的富锦树高分别高出 2.44m、2.69m 和 2.09m。所有无性系在富锦的平均树高和地径最低，变化范围分别为 1.45~2.10m 和 14.46~18.50mm。各无性系地径的最高平均值在错海和梨树均有分布，比最低值高出 30mm 以上。

根据不同地点（富锦、错海和梨树）的平均树高（H）和地径（BD）计算 Q_i 值，10 和 28 无性系的 Q_i 最高，其他无性系的 Q_i 值略低，见表 8-4。无性系 50 的 Q_i 最低为 1.36。以 1.45 作为标准选择，其中 10 和 28 无性系表现优良。3 个不同地点的 2 个无性系的平均树高和地径分布为 3.52m 和 38.66mm，分别比其他各无性系的平均值高出 0.25m 和 1.67mm。

8.2.3　同一地点不同性状的变异参数分析

同一地点不同性状的变异参数见表 8-5。相同地点无性系间存在显著差异（$P<0.05$）。树高和地径的遗传变异参数和表型变异参数均超过 15%，变化范围分别为 15.49%~42.11% 和 18.89%~43.92%。富锦树高的表型系数和遗传变异系数最高，分别为 43.92% 和 42.11%，高于错海 25.03% 和 26.62%，高于梨树 15.24% 和 14.96%。另外富锦地径的表型变异系数和遗传变异系数最高，分别为 34.35% 和 29.53%，分别高于错海 18.34% 和 14.25%，高于梨树 2.43% 和 0.85%。树高和地径的重复力均超过 0.50，变化范围为 0.549（错海的地径）~0.912（富锦的树高）。

表 8-4　不同地点杨树无性系的平均树高和地径

地点	性状	无性系							总体平均值
		10	18	23	28	50	51	30	
FJ	H	2.09±0.23	1.66±0.13	2.10±0.22	2.02±0.40	1.96±0.22	1.73±0.21	1.45±0.14	1.86±0.32
	BD	17.05±2.58	14.60±1.75	18.50±2.47	17.31±4.18	17.72±4.09	15.6±2.21	14.46±1.88	16.46±3.13
CH	H	4.12±0.33	3.90±0.18	3.92±0.13	4.38±0.08	3.81±0.11	3.88±0.20	3.96±0.19	4.00±0.26
	BD	45.42±5.01	47.01±5.54	49.90±6.55	53.06±4.83	48.58±4.63	47.1±5.40	48.38±4.48	48.49±5.52
LS	H	4.53±0.35	3.62±0.34	3.89±0.31	4.00±0.21	4.05±0.28	3.49±0.17	4.14±0.68	3.96±0.47
	BD	50.84±8.93	46.24±5.91	39.12±4.88	46.39±4.81	48.72±3.23	41.0±4.03	48.01±10.00	45.76±7.29
总体平均值	H	3.58±0.301	3.06±0.213	3.30±0.221	3.47±0.228	3.03±0.196	3.18±0.33	3.27±0.201	3.27±0.214
	BD	37.7±5.51	35.95±4.41	35.84±4.63	38.92±4.61	38.32±3.98	34.54±3.8	38.1±5.45	36.99±10.7
Q_i		1.45	1.38	1.41	1.46	1.36	1.41	1.43	

注：树高和地径的单位分别为 m 和 mm。

表 8-5　不同地点不同性状的遗传参数表

地点	性状	*SS*	df	*MS*	*F*	Sig.	*GCV*	*PCV*	*R*
FJ	H	3.73	6	0.62	11.283	0.000	42.11	43.92	0.912
	BD	150.17	6	25.03	2.998	0.012	29.53	34.35	0.667
CH	H	2.27	6	0.38	10.476	0.000	15.49	18.89	0.904
	BD	365.91	6	60.99	2.216	0.05	15.28	16.01	0.549
LS	H	7.07	6	1.18	8.780	0.000	27.15	28.68	0.886
	BD	1074.12	6	179.02	4.347	0.001	28.68	31.92	0.770

注：*PCV* 和 *GCV* 的单位均为%。

8.2.4　不同性状的相关系数

不同性状之间的表型相关系数见表 8-6。同地点的树高与地径之间达极显著正相关，相关系数变化范围为 0.485（错海）~ 0.797（富锦）。树高与地径在不同地点间的相关关系大部分为正相关，相关系数变化范围为 0.304（富锦的树高与错海的地径）~ 0.385（梨树的树高与富锦的地径），而梨树的树高与错海的地径之间相关性很弱（0.058）。不同地点树高之间的相关关系大部分为正相关，分别为富锦与错海之间为 0.460，富锦与梨树之间为 0.552，而错海与梨树之间相关关系很弱，相关系数为 0.120。不同地点地径之间的相关关系大部分很弱，分别为 0.167（富锦与梨树）和 0.128（错海与梨树），而富锦与错海之间相关关系为正相关（0.267）。

表 8-6　不同地点不同性状之间的相关系数表

性状	地点	H			BD	
		FJ	CH	LS	FJ	CH
H	CH	0.460**				
	LS	0.552**	0.120			
BD	FJ	0.797**	0.343**	0.385**		
	CH	0.304*	0.485**	-0.058	0.267*	
	LS	0.213	0.037	0.690**	0.167	0.128

注：** 表示在 0.01 水平上极显著正相关，* 表示在 0.05 水平上显著相关。

8.2.5　三个地点杨树无性系的 AMMI 分析

所有无性系树高和地径的 AMMI 分析见表 8-7。三个不同组成部分，基因型（G）、环境（E）及其相互作用（G×E）具有高度显著性（$P<0.001$）。树高的主效应 G 和 E 分别占总变异量的 3.72% 和 94.13%，地径的主效应 G 和 E 分别占总变异量的 0.90% 和 96.52%。树高和地径的 G×E 分别占总变异量的 2.15% 和 2.58%。进一步进行主成分分析，被划分为主成分 1（PCA1）和主

成分 2（PCA2）。树高和地径的 PCA1 占总变异的 77.90% 和 90.10%（$P<$ 0.001），而 PCA2 不显著。

表 8-7　3 个不同地点 7 个不同无性系树高和地径的 AMMI 模型方差分析

性状	变异来源	df	SS	方差分量	MS	F	Prob.	方差分量
树高	G	6	8.2871	3.72	1.3812	18.3909	0.000	—
	E	2	209.4884	94.13	104.7442	1394.712	0.000	—
	G×E	12	4.7761	2.15	0.398	5.2996	0.000	—
	PCA1	7	3.7216	1.67	0.5317	7.0792	0.000	77.9
	PCA2	5	1.0545	0.48	0.2109	2.8081	0.018	22.1
地径	G	6	409.9944	0.90	68.3324	2.6602	0.0168	—
	E	2	44124.79	96.52	22062.4	858.9056	0.0000	—
	G×E	12	1180.211	2.58	98.3509	3.8289	0.0000	—
	PCA1	7	1063.114	2.33	151.8734	5.9125	0.0000	90.1
	PCA2	5	117.0973	0.26	23.4195	0.9117	0.4800	9.9

8.2.6　基因型—环境相互作用的双标图

　　AMMI 分析得到的双标图树高和地径分别占总平方和的 95.5% 和 98.85%。利用基因型和环境的相对主成分来确定双标图。根据树高和地径在双标图中的分布，无性系 50，51 和 18 分布在原点附近，表明环境对这三个无性系的影响较小，其余四个无性系在双标图中距离原点较远，说明基因型对环境交互作用更敏感。从双标图 8-1 和图 8-2，$PCV1$ 值为负数的无性系与富锦和错海呈正相关，$PCA1$ 值为正数的无性系与梨树呈正相关。富锦的树高和地径的均值最低，接近双标图水平纵坐标；而错海的远离水平纵坐标，树高和地径的均值最高。

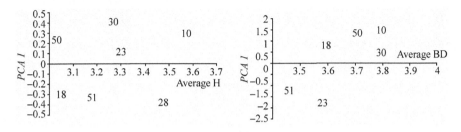

图 8-1　不同无性系在不同地点 H 和 BD 的双标图

　　注：横坐标表示不同无性系在各地点平均树高（地径）值，纵坐标表示不同无性系稳定性的 $PCA1$ 值。

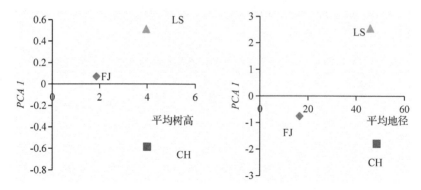

图 8-2　不同地点各无形系树高和地径平均值的双标图

注：横坐标表示不同地点所有无性系的平均树高(地径)值，纵坐标表示不同地点稳定性的的 *PCA*1 值。

8.3　讨论

　　了解无性系内和无性系间的变异对无性系育种具有重要意义(Safavi et al.，2010)。方差分析是估计和了解育种群体中变异程度的重要统计分析方法(Zhao et al.，2015)。本研究中，树高和地径在各变异来源间均存在显著差异($P<0.001$)，说明对优良无性系和无性系的适应地点的估计和选择是有效的。

　　地点效应反映了树木对土壤、地形和气候条件的综合影响的反应(Pliura et al.，2007)。在评估一种植物对特点环境的适应性时，检查该植物的基因型与环境之间的相互作用是很重要的(Yu and Pulkkien，2003)。当基因型与环境之间的相互作用很强时，林木育种者必须决定是选择性能比较稳定但改进速度较慢的方式，还是选择以获取最大利益为目标，发展适合各种环境的种群的方式(Zhao et al.，2015)。本研究中，3 个地点代了中国东北地区不同的环境条件，特别是海拔、降水量、年平均气温等。不同地点的无性系间树高和地径差异显著，说明环境对植物生长发育的影响较大，这一点尤其重要，因为杨树是重要的、生长较快的树种之一，具有适应不同环境条件和发展的能力(Ammar et al.，2019)。富锦年海拔 58m，年平均气温 2.5℃，降雨量 530mm，树高最低，地径最小；而错海海拔 248m，年平均气温 3.4℃，降雨量 465mm，树高最高，地径最大。

　　表型变异系数、遗传变异系数、重复力或遗传力等群体遗传参数通常被用来估计和了解育种群体的变异程度(Liu et al.，2015a)。本研究中，各性

状的 PCV 和 GCV 变化范围分别为 16.01%~43.92% 和 15.28%~42.11%，且 PCV 值均高于 GCV 值，说明在不同环境中基因型具有广泛的表现，该结果与 Zhao 等（2013）的研究结果一致。不同地点的树高的 PCV 和 GCV 均高于地径。这些结果与 Zhao et al（2014 年和 2016 年）的结果一致，他们在研究中国东北地区的桦树物种时发现，不同地点的基因型表现差异很大。重复力大小表明基因型可以通过表型表达来识别，因此，有必要通过对重复力的估计来实现遗传增益来的估算（Montes et al.，2008）。本研究中，树高和地径的重复力从 0.549（错海的地径）~0.912（富锦的树高）不等，表明 7 个无性系的大量变异是可重复的，研究结果与 Yang 等（2018）对桉树，刘殿昆等（2015）对杨树，马妮等（2014）对木麻黄和 Zhao 等（2014）对杨树的研究结果一致。不同地点无性系的高重复力表明，基于树高和地径选择优良无性系是有效的，受环境影响较小（Maniee et al.，2009）。

植物表型受不同生长性状的影响，它们之间存在着复杂的相互关系（El-Soda et al.，2014）。因此，了解不同性状之间相关性有助于全面评价和选择优良无性系（Liang et al.，2017）。尽管树高与地径之间有明确的关系，但这些参数之间的关系相当复杂（Sumida et al.，2015）。本研究中树高与地径的相关系数在同一地点和不同地点大部分均有显著相关关系，说明杨树无性系的选择是可行的，预测产量也是可行的。不同地点树高与地径的相关系数差异较大。富锦的树高与地径的相关系数为 0.797，高于其他两个地点，说明根据树高和地径选择优良无性系，不同地点可能会产生不同的效果（Zhao et al.，2015）。

不同地点代表不同的环境条件，特定的环境条件随着经度、纬度、海拔、温度和降雨量而变化（Yu and Pulkkien，2003）。由于表型可塑性，同一基因型在不同地点可能表现出不同的表型特征。AMMI 模型是将方差分析和主成分分析相结合，输出地点和基因型之间关系的有效工具（Balestre et al.，2009）。该模型分析生成了一个图来表示基因型和环境同时存在时的主要效应（PCA1）（Zhao et al.，2015）。在 AMMI 双标图中，分布在原点附近的基因型与环境的相互作用最小，而远离原点的基因型对环境的影响更敏感（Misra et al.，2009）。在我们的研究中，错海和梨树因其地径和树高较大而更利于杨树的生长，可能是年平均气温高于富锦。不同无性系也表现出不同的树高和地径以及稳定性。事实上，表现出广泛适应性的植物几乎在所有环境中都表现良好（Annicchiarico，2002）。无性系 10 和 28 在三个不同地点上均表现优异，说明无论环境条件如何，这两个无性系都表现出优异的特性。尽管 23 和 30 号无性系的树高和地径低于 10 号和 28 号无性系，但其 PCA1 在 7

个无性系中最低，说明在 7 个无性系中稳定性最高。10 号和 28 号无性系的地径和树高的 PCA1 的绝对值高于其他无性系，说明无性系 10 和无性系 28 的树高受环境的影响较强，相比而言，28 号无性系的地径在三个地点中较为稳定。在适宜条件下生长良好，但在其他生境生长欠佳，产量稳定性数据对同时选择高产、稳定的基因型是有用的(Zhao et al.，2015)。

第9章

密度对东北半干旱地区小黑杨生长性状和木材性状的影响

　　人工林密度是影响森林生长和质量的最常见的造林措施之一（Fujimoto and Koga，2010），是改善造林繁殖的重要因素（Hebert et al.，2016）。不同的人工林密度影响木材强度特性和木材密度（Guler et al.，2015）。在较高的人工林密度下，由于种内竞争过度，树木个体材积生长下降，树木死亡率上升（Akers et al.，2013）。在人工林密度较低的情况下，幼树个体材积和生长的增加达到最大，从而增加了树木的抗性（Guler et al.，2015）。木材力学性能是预测产品最终用途的适用性及其价值的重要关键因素（Cassidy et al.，2013）。因此，提高木材坚韧度、密度等力学性能也成为育种的重要课题（Fries and Ericsson，2006；Hannrup et al.，2000）。

　　干旱和半干旱地区植物的适应性和再生受到气候条件的制约（Joubert et al.，2013），树木必须增强各种机制以适应其在干旱和半干旱环境中生长。虽然对不同树木木材特性和生长性状的研究较多，但对半干旱地区树木的适宜种植密度、生长性状和木材性状的关系的研究较少，甚至被忽视。本研究以38年生小黑杨无性系为研究对象，在2m×2m、3m×3m、4m×4m和5m×5m种植密度的人工林中，对其生长性状和木材性状进行研究。本研究的主要目的是：①评价不同密度小黑杨的遗传变异参数；②探讨影响单株材积的最重要因素；③确定东北半干旱地区最适宜的杨树种植密度。

9.1　材料与方法

9.1.1　试验地点

　　试验在吉林省扶余市五家站镇（44°96′N，125°68′E，海拔189m）进行，该地区属东北半干旱地区。降雨量300~400mm，年平均气温4.5℃，无霜期135~140天。

9.1.2　试验材料与设计

本研究选用的是 20 世纪 70 年代通过小叶杨与欧洲黑杨杂交得到东北地区改良品种小黑杨无性系。试验采用随机区组设计，5 个区组，4 个密度（2m×2m、3m×3m、4m×4m 和 5m×5m）于 1980 年栽植，每个区组 270 株无性系（30×9）。

9.1.3　生长性状测定

2017 年 9 月，在每个区组内各密度随机选择 30 棵单株（每个密度共 150 株）。分别利用激光测高仪和胸径尺测定树高（H）和胸径（DBH）。

9.1.4　木材性状测定

利用生长锥从胸径处由南向北收集各个密度小黑杨无性系的木芯各 30 个（每个小区 6 株），带回实验室测定其木材性状。纤维长度（FL）和纤维宽度（FW）的测定方法参照穆怀志等（2009）。木材密度（WD）采用排水法测定（Yin et al.，2017）。木质素含量、半纤维素含量和综纤维素含量按照国家标准 GB/T 2677. 1 93，采用全自动纤维素分析仪（A2000i；ANKOM Technology，Macedon，NY，USA）进行测定。

9.1.5　数据分析

所有数据分析均采用 SPSS 20.0 软件进行（时立文，2012）。进行密度变异的方差分析（AVOVA），计算表型变异系数（PCV）、表型相关系数（$r_{A(x,y)}$）和重复力（R）。

为了方便利用 SPSS 计算不同调查性状与人工林密度（PD）之间的表型相关性，对不同密度人工林进行如下定义：人工林密度 2×2＝4；人工林密度 3×3＝9；人工林密度 4×4＝16；人工林密度 5×5＝25。

材积根据公式 9-1（Gama et al.，2010）计算：

$$V = \left[\frac{DBH^2 \times \pi}{4} \right] \times H \times FF \tag{9-1}$$

式中，V 为材积，DBH 为胸径，H 为树高，FF 为树干形数。

通径分析根据公式 9-2（Couto 等，2017）进行计算：

$$Y = P_1 X_1 + P_2 X_2 + \cdots + P_n X_n + (1 - R^2) \tag{9-2}$$

式中，Y 为主因变量；X_1，X_2，$\cdots$，X_n 为自变量；P_1，P_2，$\cdots$，P_n 为通径分析的系数。

9.2　结果

9.2.1　方差分析

小黑杨在不同密度下各性状（H、DBH、V、WD、FL、FW、LC、HEC

和 HOC)的方差分析结果见表 9-1。除木材化学成分(LC、HEC 和 HOC)外，其余各性状不同密度间均存在显著差异($P<0.01$)。

表 9-1　不同性状的方差分析表

性状	DF	MS	F	Sig.
H	3	91.900	14.943	0.000
DBH	3	456.825	134.251	0.000
V	3	1.108	118.249	0.000
WD	3	0.900	9.584	0.000
FL	3	3.054	36.045	0.000
FW	3	0.001	10.678	0.000
LC	3	0.003	1.503	0.286
HEC	3	0.000	0.233	0.871
HOC	3	0.002	1.776	0.229

注：H、DBH、V、WD、FL、FW、LC、HEC 和 HOC 分别表示树高、胸径、材积、木材密度、纤维长度、纤维宽度、木质素含量、半纤维素含量和综纤维素含量。DF、MS、F 和 Sig. 分别表示自由度、均方、F 检验中的 F 值和显著性。

9.2.2　不同密度下各性状的平均值

小黑杨在不同密度的树高(H)、胸径(DBH)、材积(V)、木材密度(WD)、纤维长度(FL)、纤维宽度(FW)、木质素含量(LC)、半纤维素含量(HEC)和综纤维素含量(HOC)的平均值见表 9-2。随着种植密度的增加，树

表 9-2　不同种植密度下不同性状的平均值和标准差

性状	人工林密度(m×m)			
	2×2	3×3	4×4	5×5
H	16.600±1.83a	18.100±3.872a	21.500±1.780b	23.200±1.751c
DBH	21.700±1.252a	22.600±1.955a	28.200±1.229b	36.400±2.591c
V	0.244±0.021a	0.296±0.083a	0.537±0.076b	0.947±0.156c
WD	1.527±0.475a	1.035±0.227b	0.900±0.160bc	0.885±0.276bcd
FL	1.556±0.216a	1.417±0.194a	1.381±0.119a	1.881±0.490b
FW	0.041±0.006a	0.036±0.006a	0.037±0.005b	0.049±0.017c
HOC	48.6±0.024	47.6±0.037	43.4±0.052	45.8±0.023
HEC	8.0±0.005	7.8±0.003	8.3±0.011	8.5±0.019
LC	40.7±0.019	39.8±0.040	35.1±0.059	37.3±0.036

注：树高(H)、胸径(DBH)、材积(V)和木材密度(WD)的单位分别是 m、cm、m^3 和 g/cm^3。纤维长度(FL)和纤维宽度(FW)的单位均为 mm。木质素含量(LC)、半纤维素含量(HEC)和综纤维素含量(HOC)的单位均为%。

高、胸径和材积的平均值增大，而木材密度减小。5m×5m 密度人工林对生长性状（H：23.2m、DBH：36.4cm 和 0.947m³）、木材性状（FL：1.881mm 和 FW：0.017mm）和木材化学成分（HEC：8.5%）的影响最大，分别比最低值高出 6.6m、14.7cm、0.704m³、0.726mm、0.012mm 和 0.7%。WD、LC 和 HOC 在 2m×2m 密度人工林下最高（WD：1.527g/cm³、LC：40.7% 和 HOC：48.6%），分别比最低值高出 0.642g/cm³、5.2% 和 5.6%。

9.2.3　表型变异和重复力

树高（H）、胸径（DBH）、材积（V）、木材密度（WD）、纤维长度（FL）、纤维宽度（FW）、木质素含量（LC）、半纤维素含量（HEC）和综纤维素含量（HOC）的表型变异系数和重复力见表 9-3。表型变异系数（PCV）的变化范围为 13.453%～59.649%。生长性状而言，材积的表型变异系数最高为59.649%，分别比树高（18.945%）和胸径（22.630）高出 40.70% 和37.019%。在木材性状中，木材密度的表型变异系数最高为 36.494%，分别比纤维长度和纤维宽度高出 11.169%和 9.665%。木材化学成分的表型变异系数均较低，变化范围为 13.453%（半纤维素含量）～18.754%（木质素含量）。各性状的重复力变化范围为 0.335～0.993，其中木质素含量最低，胸径最高。

表 9-3　各性状表型变异系数和重复力

性状	Average	SD	PCV	R
H	19.820	3.755	18.945	0.933
DBH	27.265	6.170	22.630	0.993
V	0.513	0.306	59.649	0.899
WD	1.086	0.396	36.494	0.896
FL	1.557	0.409	25.325	0.972
FW	0.008	0.011	26.829	0.906
HOC	46.35	0.067	18.203	0.437
HEC	8.15	0.024	13.453	0.401
LC	38.22	0.084	18.754	0.335

注：PCV 的单位为%。

9.2.4　相关系数

各性状表型相关系数见表 9-4。各性状相关性系数变化范围为 0.059（半纤维素含量与木材密度）～0.981（材积与胸径）。生长性状（H、DBH 和 V）的相关系数变化范围为 0.698（胸径与树高）～0.981（材积与胸径），均呈显著正相关。木材性状方面，木材密度与其他木材性状无显著相关关系，相关系数变化范围为-0.245(木材密度与纤维长度)~0.372(木材密度与综纤维素含量);纤维长度与纤维宽度呈极显著正相关,与综纤维素含量、半纤维素含量和木质素含量之间均呈显著正相关;木质素含量与半纤维素含量和综纤维素含量之间均呈极显著正相关,而半纤维素含量与综纤维素含量之间呈显著正相关;除木材密度与生长各性状之间呈极显著负相关,纤维长度和纤维宽度与生长各性状之间均呈极显著正相关外,其余各木材化学成分与生长各性状之间均无显著相关关系。林分密度与树高、胸径和材积之间均呈显著正相关,与纤维长度之间呈显著正相关,与木材密度呈极显著负相关,与木质素含量和综纤维素含量之间均呈显著负相关。

表 9-4　各性状之间的表型相关系数

性状	H	DBH	V	WD	FL	FW	HOC	HEC	LC
DBH	0.698**								
V	0.782**	0.981**							
WD	-0.516**	-0.427**	-0.450**						
FL	0.616**	0.688**	0.728**	-0.245					
FW	0.354*	0.470**	0.460**	-0.141	0.674**				
HOC	-0.102	-0.277	-0.332	0.372	0.638*	0.523			
HEC	-0.159	0.328	0.159	0.059	0.565*	0.389	0.587*		
LC	-0.128	-0.129	-0.222	0.316	0.675*	0.532	0.973**	0.758**	
PD	0.746**	0.940**	0.931**	-0.545**	0.345*	-0.112	-0.574*	-0.376	-0.570*

注:PD 为人工林密度, ** 表示在 0.01 水平上极显著相关, * 表示在 0.05 水平上显著相关。

9.2.5　通径分析

所有性状的通径分析如图 9-1 所示。材积预测中,直接影响生长性状和木材性状的回归权重的变化范围为-0.178~0.724;在生长性状方面,胸径对材积的影响最大,树高对材积的影响也较大(0.612)。木材密度、纤维长度、纤维宽度、半纤维素含量、综纤维素含量和木质素含量对材积的影响范围为-0.178(木材密度)~0.268(半纤维素含量)。树高和胸径对木材密度均有负向的直接影响,分别为-0.242 和-0.160。树高、胸径和木质素含量对纤维长度有正向的直接影响,范围为 0.331~0.473。纤维宽度与木材密度之间的通径系数最低,仅为 0.001。

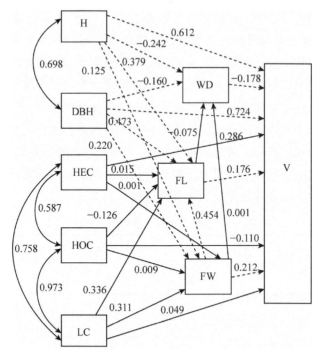

图 9-1 不同性状对材积影响的通径分析图

注：单箭头的实线表示不显著的直接影响，单箭头的虚线表示显著的直接影响，双箭头表示两个变量之间相互影响。H、DBH、V、WD、FL、FW、LC、HEC 和 HOC 分别表示树高、胸径、材积、木材密度、纤维长度、纤维宽度、木质素含量、半纤维素含量和综纤维素含量。

9.2.6 价格和交易量

不同种植密度下的材积与预估价值见表 9-5。人工林密度为 2m×2m 时，每公顷的材积最高为 610.0m³，比最低材积 328.9m³（3m×3m）高出 281.1m³。随着种植密度的减小，单株材积增大，变化范围在 0.244～0.947 不等。另一方面，考虑到价格和收入潜力，以每立方米 110 美元的价格进行估算，人工林密度为 2m×2m 时能创造的价值最高为每公顷 67100 美元，比最低值（人工林密度 3m×3m 时）每公顷高出 30921 美元。

表 9-5 不同种植密度下材积与价值预估表

林分密度	单株材积	每公顷株数	每公顷材积(m³)	单价(元/m³)	总价(元/hm²)
2m×2m	0.244	2500	610.0	110	67100
3m×3m	0.296	1111	328.9	110	36179
4m×4m	0.537	625	335.6	110	36916
5m×5m	0.947	400	378.8	110	41668

9.3 讨论

方差分析是估计育种群体变异程度的最重要方法（Hui et al.，2016）。本研究中，除木材化学成分外，其余各性状均达极显著差异（$P<0.001$）。这一结果表明，不同的人工林密度对于生长性状和木材性状的影响大于木材化学成分。因此，研究结果可以用于不同育种目标的杨树无性系的选择，与 Hebert 等（2016）的研究结果一致，它们报道了不同种植密度对北美短叶松的生长性状和木材性状有显著影响；与 Vinha 等（2013）的一项研究结果相反，他们发现桉树木材化学组成在不同种植密度下存在显著差异。这种差异可能是由树种或环境等因素变化引起。

随着人工林密度的降低，树高、胸径和材积的平均值均显著增加，树高由 16.6m 增加到 23.2m、胸径由 21.7cm 增加到 36.4cm、材积由 0.244m³ 增加到 0.947m³。这表明，不同种植密度对杨树的生长有很大的影响，研究结果可以为我国东北半干旱地区杨树种植密度的选择提供参考。这些结果与前人（Akhtar et al.，2008；Prasad et al.，2011；Miah et al.，2014）对于银合欢、赤桉和石刁柏的研究结果一致，种植密度较低时的生长性状平均值显著高于种植密度较高时的生长性状平均值。对于木材性状，了解木材的质量对于满足不同行业对木材产品的需求是很重要的（Gardiner and Moore，2013）。木材密度与木纤维性能、木材硬度、木材强度和工业纸浆生产密切相关（Downes et al.，2006），通常被用作其他机械性能和功能性状的间接测定指标（Jose et al.，2018）。本研究中，随着人工林密度的降低，木材密度由 1.527g/cm³ 下降到 0.885g/cm³，说明半干旱地区小黑杨人工林的木材密度与种植密度呈负相关关系，结果与巴西橡胶树（Naji et al.，2012）的研究结果一致，他们报道了在种植密度较低（间距较宽）时，木材密度略有下降。纤维长度和纤维宽度越大越有利于造纸，可以大大提高纸张的韧性和强度（徐悦丽等，2013）。本研究中，随着人工林种植密度的降低，平均纤维长度和纤维宽度增大，说明较大的种植间距可以提高木材品质的韧性和强度，更适合造纸。总之，这些结果表明，杨树的木材性状受种植密度的影响较大，可以满足不同木材产品的不同需求。木材化学成分，如木质素含量、半纤维素含量和综纤维素含量对纸张的生产有直接影响（Stickler，2008）。较强的纸张强度与木材中较高的半纤维素含量有关（王凤娟等，2010）。本研究中，不同人工林密度下杨树木材化学组成的平均值略有不同但不显著，说明在半干旱地区，杨树的木材化学成分受种植密度的影响不显著。综纤维素含量平均值高于木质素含量，说明小黑杨具有造纸的优良特性，这一结果与杂交白杨的研究结果一致（Ma et al., 2015）。

遗传和变异是树木育种研究中重要的参数，较大的变异有利于选择，较高的重复力便于利用（Mwase et al., 2008）。本研究中，杨树生长性状的表型变异系数变化范围为 18.945%~59.649%，高于司冬晶等（2016）对杨树的研究结果。较高的表型变异系数表明生长性状存在较大的变异，根据不同的种植密度进行选择是可行的。此外，本研究中生长性状的重复力变化范围为 0.899~0.993，高于毛白杨中重复力的研究（Zhang et al., 2013）。高重复力的主要原因可能是不同的树龄和环境差异导致的不同重复力水平。木材性状方面，表型变异系数的变化范围为 25.325%~36.494%，重复力高于 0.896，比于东阳等（2014）的研究结果高。这一结果表明，根据生长和木材性状选择适宜的种植密度是方便的。木材化学组成的表型变异系数和重复力低于生长性状和木材性状，这反映了不同种植密度下木材化学组成相对于生长性状和木材性状更稳定。

相关系数描述了不同性状之间的相关程度（Lee et al., 2002），在育种计划中起着重要的作用（Goncalves et al., 2005）。本研究中，树高、胸径和材积的表型相关系数在 0.698~0.981 之间，均呈极显著正相关。这些结果与挪威云杉（Gerendiain et al., 2008）的研究结果相似，表明选择合适的种植密度有利于提高生长性状。理论上，较低的木材密度与快速生长有关。本研究中，木材密度随着种植密度的增加而减小，但单株生长性状呈现相反的趋势。木材密度与树高、胸径和材积呈显著负相关，与前人的研究结果一致，例如对花旗松的研究中，发现木材密度与树高和胸径之间存在负相关关系（Johnson and Gartner, 2006）。此外，在绒毛榆叶梧桐中，较大树木的密度相对较低，但生长快速的材料可以在早期进行选择，而不会显著降低木材密度（Weber and Montes, 2008）。木材化学组分（综纤维素含量、半纤维素含量和木质素含量）与生长性状的相关性较弱，与落叶松（Yin et al., 2017）和马尾松的（Ji et al., 2007）的研究结果一致。这一结果表明，木材的生长性状和化学组分具有遗传依赖性，有利于木材的综合选择。种植密度与其他性状之间的相关性研究结果是合理的，种植密度与树高、胸径和材积之间呈显著性相关，除纤维长度外，木材各性状与种植密度之间均呈显著负相关。结果与 Verburg 等（2003）的研究结果相似，表明适宜的种植密度是树木生长和木材性状发展的一个非常重要的参数。

通径分析是量化不同性状之间关系的重要分析方式之一，它可以反映各性状之间的影响是直接反映在植物体内，还是需要通过其他途径产生影响

（Yasin and Singh 2010；Tsegaye et al.，2012）。杨树是重要的用材树种，因此高纤维品种选育过程中应首先考虑其生长性状。本研究中，胸径和树高对材积具有较高的直接影响，胸径的影响系数最高。结果与杨树无性系的通径分析结果一致（王庆斌等，2011），他们指出树高和胸径是影响树体生长的主要性状。当杨树的生长性状满足要求时，应考虑其木材性状。木材密度（WD）、木质素含量（LC）和综纤维素含量（HOC）是评价木材性能的重要指标（陈存等，2016）。本研究中，木材密度与综纤维素含量对材积有负向直接影响，木质素含量对材积具有正向直接影响，但通径系数较低，这与黑云杉（Zhang et al.，2007）的研究结果相似，他们发现木材密度与生长性状之间存在负相关关系，表明木材密度与生长性状之间的关系可能随着基因型和环境的不同而存在一定程度的差异（Zhang et al.，2007）。木材化学成分对其他木材和生长性状的影响较弱，这可能是由于木材化学成分对细胞壁硬度、强度和刚度等力学性能的影响大于木材性状（纤维长度和纤维宽度）。这与Cruz et al.（2018）的研究结果一致，他们报道了木材的主要化学组分综纤维素含量、半纤维素含量和木质素含量等对木材力学和物理性能有不同程度的贡献和影响。

　　计算育种产生的经济效益对于决定在树木育种上的投资是否合理具有重意义（Haapanen et al.，2015）。选择适宜的造林密度是造林决策的关键，主要考虑其经济收益与最终用途产品的性能（Zhang et al.，2002；Watt et al.，2017）。本研究中，2m×2m 密度人工林每公顷材积量最高为 610m³，因此每公顷价格也最高为 67100 美元；5m×5m 密度人工林的单株材积最高，林分每公顷的材积和价格均低于 2m×2m 密度人工林。这表明，在我国东北半干旱地区，38 树龄以下的杨树，单位面积内的林木株数限制了林分总蓄积从而限制了总的经济收益，这一结果与以往的研究结果一致（Baldwin et al.，2000；Cardoso et al.，2013），他们都报道了在林分水平上，林分密度越大，树种林木蓄积越大。此外，大量的研究表明，较大的人工林密度会降低单株材积的生长，而林分总蓄积增大（Barron-Gafford et al.，2003；Will et al.，2010；Akers et al.，2013）。如果在不考虑早期林木个体材积的增长，只考虑价格和收入的情况下使总收入最大，那么每公顷种植较大密度的人工林将受到青睐。

参考文献

Ahammed GJ, Wen X, Airong L, et al. 2018. COMT1 silencing aggravates heat stress-induced reduction in photosynthesis by decreasing chlorophyll content, photosystem II activity, and electron transport efficiency in tomato. Frontiers in Plant Science, 9: 998.

Akers MK, Kane M, Zhao D, et al. 2013. Effects of planting density and cultural intensity on stand and crown attribute of mid-rotation loblolly pine plantations. Forest Ecology and Management, 310: 468-475.

Akhtar J, Saqib ZA, Qureshi RH, et al. 2008. The effect of spacing on the growth of *Eucalyptus camaldulensis* on salt-affected soils of the Punjab, Pakistan. Canadian Journal of Forest Research, 38: 2434-2444.

Alexander G. 2007. Changes of photosynthetic traits in beech saplings (*Fagus sylvatica*) under severe drought stress and during recovery. Physiologia Plantarum, 131(3): 412-421.

Alsafar MS & Al-Hassan YM. 2009. Effect of nitrogen and phosphorus fertilizers on growth and oil yield of indigenous mint (*Menta Longifolia L.*). Biotechnology, 8: 380-392.

Ammar K, Jiang LP, Wang F, et al. 2020. Variation analysis of growth traits of four poplar clones under different water and fertilizer management. *J. For. Res.*, https://doi.org/10.1007/s 11676-019-00888-y

Annicchiarico P. 2002. Genotype × environment interactions: challenges and opportunities for plant breeding and cultivar recommendations. Food and Agriculture Org. Washington, 101.

Ashraf M. 2010. Inducing drought tolerance in plants: recent advances. Biotechnology Advances, 28 (1): 169-183.

Avanza M, Bramardi S & Mazza S. 2008. Statistical models to describe the fruit growth pattern in sweet orange. Spanish Journal of Agricultural Research, 6(4): 577-585.

Bai J, Zhao F, He J, et al. 2014. GGE biplot analysis of genetic variations of 26 potato genotypes in semi-arid regions of Northwest China. New Zealand Journal of Crop and Horticultural Science, 42: 161-169.

Baldwin VC, Peterson KD, Clark AI, et al. 2000. The effects of spacing and thinning on stand and tree characteristics of 38-year-old loblolly pine. Forest Ecology and Management, 137: 91-102.

Balestre M, Pinho R, Soouza J, et al. 2009. Genotypic stability and adaptability in tropical maize based on AMMI and GGE biplot analysis. Genet Mol Res, 8: 1311-1322.

Barron G, Will RE, Burkes EC, et al. 2003. Nutrient concentrations and contents, and their relation to stem growth, of intensively managed *Pinus teada* and *Pinus elliottii* stands of different planting densities. Forest Science, 49: 291-300.

Bergante S, Facciotto G, Minotta G. 2010. Identification of the main site factors and management intensity affecting the establishment of Short-Rotation-Coppices (SRC) in Northern Italy through stepwise regression analysis. Central European Journal of Biology, 5: 522-530.

Berrill J, O'Hara K. 2014. Estimating site productivity in irregular stand structures by indexing the basal area or volume increment of the dominant species. Canadian Journal of Forest Research, 44: 92-100.

Blackmer TM, Schepers JS. 1995. Use of a chlorophyll meter to monitor nitrogen status and schedule fertigation for corn. Journal of Production Agriculture, 8: 56-60.

Bogdan S, Katicic T, Kajba D. 2004. Genetic variation in growth traits in a *Quercus Robur* L. open pollinated progeny test of the Slavonian provenance. Silva Gentic, 5(6): 198-201.

Böhlenius H, Övergaard R. 2014. Effects of direct application of fertilizers and hydrogel on the establishment of poplar cuttings. Forests, 5: 2967-2979.

Bohnert H J, Jensen R G. 1996. Strateeiedk for enginieering water stress tolerance in plants. Trends Biotech, 14: 89-95.

Bos I, Caligari P. 2008. Selection methods in plant breeding Ⅱ. Springer, Berlin. doi: 10. 1007/ 978-1-4020-6370-1.

Canovas FM, Canas RA, De La Torre FN, et al. 2018. Nitrogen metabolism and biomass production in forest trees. Frontiers in Plant Science, 9: 1449-1458.

Cao S, Chen L, Xu C, et al. 2007. Impact of three soil types on afforestation in China's Loess Plateau: Growth and survival of six tree species and their effects on soil properties. Landscape and Urban Planning, 83: 208-217

Cardoso DJ, Lacerda AE, Rosot MA, et al. 2013. Influence of spacing regimes on the development of loblolly pine (*Pinus taeda*) in southern Brazil. Forest Ecology and Management, 310: 76-769.

Cassidy M, Palmer G, Smith RG. 2013. The effect of wide initial spacing on wood properties in plantation grown *Eucalyptus pilularis*. New Forests, 44: 919-936.

Castro-Rodríguez V, Cañas RA, dela TF, et al. 2017. Molecular fundamentals of nitrogen uptake and transport in trees. J. Exp. Bot. , 68: 2489-2500.

Chaves MM, Flexas J, Pinheiro C. 2008. Photosynthesis under drought and salt stress: regulation mechanisms from whole plant to cell. Annals of Botany, 103(4): 551-560.

Ciompi S, Gentilli E, Guidi L, et al. 1996. The effect of nitrogen deficiency on leaf gas exchange and chlorophyll fluorescence parameters in sunflower. Plant Sci, 118: 177-184.

Cooke JE, Marttin TA & Davis JM. 2005. Short term physiological and developmental responses to nitrogen availability in hybrid poplar. New Phytologist, 167(1): 41-52.

Correia MA, Maranhao DD, Flores RA, et al. 2017. Growth, nutrition and production of dry matter of rubber tree (*Hevea brasiliensis*) in function of K fertilization. Australian Journal of Crop Science, 11(1): 95-101.

Couto AM, Teodoro PE, Trugilho PF. 2017. Path analysis of the energy density of wood in *Eucalyptus* clones. Genetics and molecular research Gmr, 16(1): 1.

Cruz N, Bustos C, Aguayo MG, et al. 2018. Impact of the chemical composition of *Pinus radiata* wood on its physical and mechanical properties following thermo-hygromechanical densification. Bioresources, 13: 2268-2282.

De Oliveira RL, Von Pinho RG, Balestre M, et al. 2010. Evaluation of maize hybrids and environmental stratification by the methods AMMI and GGE biplot. Crop Breeding and Applied Biotechnology, 10: 247-253.

Dev SP & Bhardwaj KK. 1995. Effect of crop wastes and nitrogen levels of biomass production and nitrogen uptake in wheat-maize sequence. Ann. Agric. Res. , 16: 264-267.

Dias A, Gaspar MJ, Carvalho A, et al. 2018. Within-and between-tree variation of wood density components in *Pinus nigra* at six sites in Portugal. Annals of Forest Science, DOI: 10. 1007/s13595-018-0734-6.

Dighton J & Krumins JA. 2014. Interactions in soil: promoting plant growth. Biodiversity, Community and Ecosystems, DOI 10. 1007/978-94-017-8890-8-3.

Dong W, Qin J, Li J, Zhao Y, et al. 2011. Interactions between soil water content and fertilizer on growth characteristics and biomass yield of Chinese white poplar (*Populus tomentosa Carr.*) seedlings. Soil Science and Plant Nutrition, 57(2): 303-312.

Downes G, Worledge D, Schimleck L, et al. 2006. The effect of growth rate and irrigation on the basic density and kraft pulp yield of *Eucalyptus globulus* and *E. nitens*. N. Z. J. For. Sci. , 51: 13-22.

Duan GS, Gao ZG, Wang QY, et al. 2018. Comparison of different height-diameter modelling techniques for prediction of site productivity in natural uneven-aged pure stands. Forests, DOI: 10. 3390/f 9020063.

Egert M, Tevini M. 2002. Influence of drought on some physiological parameters symptomatic for oxidative stress in leaves of chives (*Allium schoenoprasim*). Environmental and Experimental Botany, 48: 43-49.

Elferjani R, Des RA, & Tremblay F. 2013. DRIS-based fertilization efficiency of young hybrid poplar plantations in the boreal region of Canada. New Forests, 44(4): 487-508.

El-Soda M, Malosetti M, Zwaan BJ, et al. 2014. Genotype × environment interaction QTL mapping in plants: lessons from Arabidopsis. Trends Plant Sci, 19(6): 390-398.

Facciotto G, Bergante S, Lioia C, et al. 2005. Short rotation forestry in italy with poplar and willow, proceedings of the 14th European biomass conference & exhibition, biomass for energy, industry and climate protection, ETA-Renewable Energies, 320–323.

Farquhar G D, Sharkey T D. 1982. Stomatal conductance and photosynthesis. Annual Review of Plant Physiology, 33(1): 317–345.

Faustino LI, Bulfe NM, Pinazo MA, et al. 2013. Dry weight partitioning and hydraulic traits in young *Pinus taeda* trees fertilized with nitrogen and phosphorus in a subtropical area. Tree Physiology, 33: 241–251.

Fernandez CJ, McInnes KJ, Cothren JT. 1996. Water status and leaf area production in water- and nitrogen-stressed cotton. Crop Sci, 36: 1224–1233.

Fourcaud T, Zhang X, Stokes A, et al. 2008. Plant growth modelling and applications the increasing importance of plant architecture in growth models. Annals of Botany, 101(8): 1053–1063.

Franca M C, Thi A, Pimentel C, et al. 2000. Laffray differences in growth and water relations among *Phaseolus vulgaris* cultrivars in response to induced drought stress. Environmental and Experimental Botany, 43: 227–237.

Fries A, Ericsson T. 2006. Estimating genetic parameters for wood density of Scots pine (*Pinus sylvestris L.*). Silvae Genetica, 55: 84–92.

Frost JW, Schleicher T, Craft C. 2009. Effects of nitrogen and phosphorus additions on primary production and invertebrate densities in a Georgia (USA) tidal freshwater marsh. Wetlands, 20: 196–203.

Fujimoto T, Koga S. 2010. An application of mixed-effects model to evaluate the effects of initial spacing on radial variation in wood density in Japanese larch (*Larix kaempferi*). Journal of Wood Science, 56: 7–14.

Gama F, Dos Santos J, Mura J. 2010. *Eucalyptus* biomass and volume estimation using interferometric and polarimetric SAR data. Remote Sensing, 2: 939–956.

Gardiner B & Moore J. 2013. Creating the wood supply of the future in challenges and opportunities for the world's forests in the 21st century; Fenning, T., Ed.; Springer: Dordrecht, The Netherlands Volume 81 of the Series Forest Science, 677–704.

Gerendiain AZ, Peltola H, Pulkkinen P, et al. 2008. Differences in growth and wood properties between narrow and normal crowned types of Norway spruce grown at narrow spacing in southern Finland. Silva Fennica, 42: 423–437.

Girish TN, Gireesha TM, Vaishali MG, et al. 2006. Response of a new IR50/Moroberekan recombinant inbred population of rice (*Oryza sativa L.*) from an indica × japonica cross for growth and yield traits under aerobic conditions. Euphytica, 152: 149–161.

Goncalves P, Bortoletto N, Cardinal A, et al. 2005. Age-age correlation for early selection of rubber tree genotypes in Sao Paulo State, Brazil. Genet Mol Biol, 28: 758–764.

Grassi G, Magnani F. 2005. Stomatal, mesophyll conductance and biochemical limitations to photosynthesis as affected by drought and leaf ontogeny in ash and oak trees. Plant Cell &

Environment, 28: 834−849.

Guillemette T & Des RA. 2008. Early growth and nutrition of hybrid poplars fertilized at planting in the boreal forest of western Quebec. Forest Ecology and Management, 255 (7): 2981−2989.

Guler C, Sahin HI, Aliogullari S. 2015. Effect of spacing on some mechanical properties of narrow leaved ash (*Fraxinus angustifolia*) wood. Maderas-Ciencia Tecnologia, 17: 773−788.

Güsewell S. 2004. N: P ratios in terrestrial plants: variation and functional significance. New Phytol, 164: 243−266.

Haapanen M, Jansson G, Nielsen UB, et al. 2015. The status of tree breeding and its potential for improving biomass production: A review of breeding activities and genetic gains in Scandinavia and Finland. Uppsala Science Park, Uppsala, 20−28.

Hai PH, Jansson G, Harwood C, et al. 2008. Genetic variation in growth, stem straightness and branch thickness in clonal trials of *Acacia Auriculiformis* at three contrasting sites in Vietnam. Forest ecology and management, 255: 156−16

Hannrup B, Ekberg I & Persson A. 2000. Genetic correlations among wood, growth capacity and stem traits in *Pinus sylvestris*. Scand. J. Forest Res. , 15: 161−170.

Hansen J & Roulund H. 1997. Genetic parameters for spiral grain, stem form, pilodyn and growth in 13 years old clones of sitka spruce (*Picea sitchensis* (Bong.) Carr.). Silvae Genet, 46: 107−113.

Hart Q J, Tittmann PW, Bandaru V, et al. 2015. Modeling poplar growth as a short rotation woody crop for biofuels in the Pacific Northwest. Biomass & Bioenergy, 79: 12−27.

Hassan HA, Mohamed SM, Abo-El-Ghaite EM, et al. 1994. Physiological studies on *Cupressus sempervirens* L. seedling in response to growing media. Ann. Agric. Sci, 1: 497−509.

Hebert F, Krause C, Ploured PY, et al. 2016. Effect of tree spacing on tree level volume growth, morphology, and wood properties in a 25-Year-old *Pinus banksiana* plantation in the boreal forest of Quebec. Forests, DOI: 10. 3390/f7110276

Herault B, Bachelot B, Poorter L, et al. 2011. Functional traits shape ontogenetic growth trajectories of rain forest tree species. Journal of ecology, 99(6): 1431−1440.

Hong Z, Fries A, Wu HX. 2014. High negative genetic correlations between growth traits and wood properties suggest incorporating multiple traits selection including economic weights for the future scots pine breeding programs. Annals of Forest Science, 71: 463−472.

Huang GT, Ma SL, Bai LP, et al. 2012. Signal transduction during cold, salt, and drought stresses in plants. Molecular Biology Reports, 39(2): 969−987.

Hui X, Guohui Z, Liansheng Z, et al. 2016. Genetic and variation analyses of growth traits of half-sib *Larix olgensis* families in northeastern China. Euphytica, 212 (3): 387−397.

Ibrahim L, Proe M F, Cameron A D. 1998. Interactive effects of nitrogen and water availabilities on gas exchange and whole-plant carbon allocation in poplar. Tree Physiology, 18:

481-487.

Ibrahim L, Proe MF, Cameron AD. 1998. Interactive effects of nitrogen and water availabilities on gas exchange and whole-plant carbon allocation in poplar. Tree Physiology, 18 (7): 481-487.

Isebrands J, Rosemeier D, Wyatt G, et al. 2007. Best management practices poplar manual for agroforestry applications in Minnesota. USDA, Washington, 28-35.

Islam S, Rahman M, Naidu R. 2018. Impact of water and fertilizer management on arsenic bio-accumulation and speciation in rice plants grown under greenhouse conditions. Chemosphere, 214: 606-613.

Jaleel CA, Gopi R, Sankar B, et al. 2008. Differential responses in water use efficiency in two varieties of catharanthus roseus under drought stress. CRBiol, 331 (1): 42-47.

Ji KS, Fan M, Li AX. 2007. Variation analysis and fine family selection on half-sib progenies from clonal seed orchard of *Pinus massoniana*. Frontiers of Forestry in China, 2 (3): 340-346.

Jiang H, Xu, D. 2000. Physiological basis of the difference in net photosynthetic rate of leaves between two maize strains. Photosynthetica, 38: 199-204.

Johnson GR & Gartner BL. 2006. Genetic variation in basic density and modulus of elasticity of coastal douglas-fir. Tree Genetics & Genomes, 3: 25-33.

Jose Barotto A, Monteoliva S, Gyenge J, et al. 2018. Functional relationships between wood structure and vulnerability to xylem cavitation in races of *Eucalyptus globulus* differing in wood density. Tree Physiology, 38: 243-251.

Joubert DF, Smit GN, Hoffman MT. 2013. The influence of rainfall, competition and predation on seed production, germination and establishment of an encroaching acacia in an arid Namibian savanna. J. Arid Environ, 91: 7-13.

Kage H, Kochler M, Stutzel H. 2004. Root growth and dry matter partitioning of cauliflower under drought stress conditions: measurement and simulation. European Journal of Agronomy, 20: 379-394.

Kanazawa S, Sano S, Koshiba T, et al. 2000. Changes in antioxidative enzymes in cucumber cotyledons during natural senescence: comparison with those during dark-induced senescence. Physiologia Plantarum, 109(2): 211-216.

Kano M, Inukai Y, Kitano H, et al. 2011. Root plasticity as the key root trait for adaptation to various intensities of drought stress in rice. Plant and Soil, 342 (1): 117-128.

Karacic A & Weih M. 2006. Variation in growth and resource utilization among eight poplar clones grown under different irrigation and fertilization regimes in Sweden. Biomass Bioenerg, 30: 115-124.

Ket WA, Schubauer B, Craft CB. 2011. Effects of five years of nitrogen and phosphorus additions on a *Zizaniopsis miliacea* tidal freshwater marsh. Aquat. Bot. 95: 17-23.

Kien ND, Jansson G, Harwood C, et al. 2008. Genetic variation in wood basic density and pilo-dyn penetration and their relationships with growth, stem straightness and branch size for *Eucalyptus urophylla* in Northern Vietnam. NZ J For Sci, 38: 160-175.

Klepper B, Rickman RW. 1990. Modeling crop root growth and function. Advances in Agronomy, 44: 113-132.

Kowalenko CG & Bittman S. 2000. Within-season grass yield and nitrogen uptake, and soil nitrogen as affected by nitrogen applied at various rates and distributions in a high rainfall environment. Can. J. Plant Sci, 80: 287-301.

Krishnamurthy L, Vadez V, Devi MJ, et al. 2007. Variation in transpiration efficiency and its related traits in a groundnut (*Arachis hypogaea* L.) mapping population. Field Crops Res, 103: 189-197.

Kumar M, Kumar R, Rajput TB, et al. 2017. Efficient design of drip irrigation system using water and fertilizer application uniformity at different operating pressures in a semi-arid region of India. Irrigation and Drainage, 66: 316-326.

Lange OL, Kappen L, Schulze ED. 1976. Water and plant life: problems and modern approaches. Berlin: Heidelbergs springerverlag.

Lasa B, Jauregui I, Aranjuelo I, et al. 2016. Influence of stage of development in the efficiency of nitrogen fertilization on poplar. Journal of Plant Nutrition, 39(1): 87-98.

Laurence B, Mauro T. 2007. Seasonal variations of F_o, F_m, and F_v/F_m in an epiphytic population of the lichen *Punctelia Subrudecta* (Nyl.) Krog. The Lichenologist, DOI: 10. 1017/ s00242 82907006846

Lazdiņa D, Bārdulis A, Bārdule A, et al. 2014. The first three-year development of ALASIA poplar clones AF2, AF6, AF7, AF8 in biomass short rotation coppice experimental cultures in Latvia. Agronomy Research, 12: 543-552.

Lee SJ, Woolliams J, Samuel CJ, et al. 2002. A study of population variation and inheritance in sitka spruce. Part III. Age trends in genetic parameters and optimum selection ages for wood density, and genetic correlations with vigour traits. Silvae Genet. 51: 143-151.

Li G, Cui L, Ning J, et al. 2016. Characterization of organic matter content distribution in vertical flow constructed wetland. Research of Environmental Sciences, 29: 1236-1240.

Li JY, Guo QX, Zhang JX, et al. 2016. Effects of nitrogen and phosphorus supply on growth and physiological traits of two *Larix* species. Environmental and Experimental Botany, 130: 206-215.

Li Z, Yu P, Wang Y, et al. 2017. A model coupling the effects of soil moisture and potential e-vaporation on the tree transpiration of a semi-arid larch plantation. Ecohydrology, 10: DOI 10. 1002/eco1764.

Liang D, Ding C, Zhao G, et al. 2017. Variation and selection analysis of *Pinus koraiensis* clones in northeast China. Journal of Forestry Research, 29 (3): 611-622.

Liu CC, Liu YG, Guo K, et al. 2011. Effect of drought on pigments, osmotic adjustment and antioxidant enzymes in six woody plant species in karst habitats of Southwestern China. Environmental and Experimental Botany, 71(2): 174-183.

Liu M, Yin S, Si D, et al. 2015. Variation and genetic stability analyses of transgenic *TaLEA* poplar clones from four different sites in China. Euphytica, 206: 331-342.

Liu Z & Dickmann D. 1992. Responses of two hybrid *Populus* clones to flooding, drought, and nitrogen availability morphology and growth. Can. J. Bot. , 70: 2265-2270.

Lu CM, Zhang JH, Zhang QD, et al. 2001. Modification of photosystem II photochemistry in nitrogen deficient maize and wheat plants. J. Plant Physiol. 158: 1423-1430.

Luo J, Qin J, He F, et al. 2013. Net fluxes of ammonium and nitrate in association with H^+ fluxes in fine roots of *Populus popularis*. Planta, 237: 919-931.

Ma H, Dong Y, Chen Z, et al. 2015. Variation in the growth traits and wood properties of hybrid white poplar clones. Forests, 6: 1107-1120.

Mahajan S, Tuteja N. 2005. Cold, salinity and drought stresses: an overview. Archives of Biochemistry & Biophysics, 444(2): 139-158.

Makeschin F. 1999. Short rotation forestry in central and northern Europe-introduction and conclusions, Forest Ecol. Manag. , 121: 1-7.

Maniee M, Kahrizi D, Mohammadi H. 2009. Genetic variability of some morphophysiological traits in durum wheat (*Triticum turgidum* var. durum). J. Appl. Sci. , 9: 1383-1387.

Martins FB, Soares CP, Silva GF. 2014. Individual tree growth models for *Eucalyptus* in northern Brazil. Scientia Agricola, 71(3): 212-225.

Mauyo LW, Anjichi VE, Wambugu GW, et al. 2008. Effect of nitrogen fertilizer levels on fresh leaf yield of spider plant (*Cleome gynandra*) in Western Kenya. Scientific Research and Essays, 3: 240-244.

Mcmillin JD, Wagner MR. 1995. Effects of water stress on biomass partitioning of ponderosa pine seedlings during primary root growth and shoot growth periods. Forest Science, 41 (3): 594-610.

Miah M, Islam SA, Habib M, et al. 2014. Growth performance of *Avicennia officinalis* L. and the effect of spacing on growth and yield of trees planted in the western coastal belt of Bangladesh. J. For. Res. , 25: 835-838.

Mishra NP, Mishra RK, Singhal GS. 1993. Changes in the activities of anti-oxidant enzymes during exposure of intact wheat leaves to strong visible light at different temperatures in the presence of protein synthesis inhibitors. Plant Physiol, 102: 903-908.

Misra RC, Das S, Patnaik MC. 2009. AMMI model analysis of stability and adaptability of late duration finger millet (*Eleusine coracana*) genotypes. World Appl. Sci. J. , 6: 1650-1664.

Mittler R. 2002. Oxidative stress, antioxidants and stress tolerance. Trends in Plant Science, 7 (9): 405-410.

Montes CS, Hernandez RE, Beaulieu J, et al. 2008. Genetic variation in wood color and its correlations with tree growth and wood density of *Calycophyllum spruceanum* at an early age in the Peruvian Amazon. New Forest, 35: 57-73.

Morinaga K & Ikeda F. 1990. Species differences in photosynthesis of isolated protoplasts from citrus leaves. Journal of the Japanese Society for Horticultural Science, 59: 237-244.

Mwase WF, Savill PS, Hemery G. 2008. Genetic parameter estimates for growth and form traits in common ash (*Fraxinus excelsior*, *L.*) in a breeding seedling orchard at little wittenham in England. New For. , 36(3): 225-238.

Naji HR, Sahri MH, Nobuchi T, et al. 2012. Clonal and planting density effects on some properties of rubber wood (*Hevea brasiliensis*). Bioresources, 7: 189-202.

Navarro A, Facciotto G, Campi P, et al. 2014. Physiological adaptations of five poplar genotypes grown under SRC in the semi-arid Mediterranean environment. Trees-Structure and Function, 28: 983-994.

Nelson ND, Berguson WE, Mcmahon BG, et al. 2018. Growth performance and stability of hybrid poplar clones in simultaneous tests on six sites. Biomass & Bioenergy, 118: 115-125.

O'connor TG & Goodall VL. 2017. Population size structure of trees in a semi-arid African savanna: Species differ in vulnerability to a changing environment and reintroduction of elephants. Austral Ecology, 42: 664-676.

Ogle K & Pacala S. 2009. A modeling framework for inferring tree growth and allocation from physiological, morphological and allometric traits. Tree Physiology, 29(4): 587-605.

Oguchi R, Ozaki H, Hanada K, et al. 2016. Which plant trait explains the variations in relative growth rate and its response to elevated carbon dioxide concentration among *Arabidopsis thaliana* ecotypes derived from a variety of habitats. Oecologia, 180: 865-876.

Ottosen CO. 2015. Wheat cultivars selected for high F_v/F_m under heat stress maintain high photosynthesis, total chlorophyll, stomatal conductance, transpiration and dry matter. Physiologia Plantarum, 153(2): 284-298.

Percival DC, Janes DE, Stevens DE, et al. 2003. Impact of multiple fertilizer applications on plant growth, development, and yield of wild lowbush blueberry (*Vaccinium Angustifolium Aiton*). Acta Hortic, 626: 415-421.

Peter J & Stephen N. 2013. Soil condition and plant growth. Wiley-Blackwell, UK, 213-235.

Pitre FE, Cooke JE, Mackay JJ. 2007. Short-term effects of nitrogen availability on wood formation and fibre properties in hybrid poplar. Trees, 21(2): 249-259.

Pliura A, Zhang SY, Mackay J, et al. 2007. Genotypic variation in wood density and growth traits of poplar hybrids at four clonal trials. Forest Ecology and Management, 238: 92-106.

Ponton S, Dupouey JL, Breda N, et al. 2002. Comparison of water use efficiency of seedlings from two sympatric oak species: genotype × environment intreactions. Tree Physiology, 22: 413-422.

Prasad J, Korwar GR, Rao KV, et al. 2011. Optimum stand density of *Leucaena leucocephala* for wood production in Andhra Pradesh, Southern India. Biomass & Bioenergy, 35: 227-235.

Prieto P, Penuelas J, Joan L, et al. 2009. Effects of long-term experimental night-time warming and drought on photosynthesis, F_v/F_m and stomatal conductance in the dominant species of a mediterranean shrubland. Acta Physiologiae Plantarum, 31(4): 729-739.

Qiu Z. 2017. Leaf quantitative traits and growth evaluation in *Acacia melanoxylon* excellent clones. Journal of Tropical and Subtropical Botany, 25: 465-471.

Safavi SA, Pourdad SA, Mohmmad T, et al. 2010. Assessment of genetic variation among safflower (*Carthamus tinctorius L.*) accessions using agro-morphological traits and molecular markers. J. Food Agric. Environ., 8(1): 616-625.

Sánchez RE, Rubio W, Blasco B, et al. 2012. Antioxidant response resides in the shoot in reciprocal grafts of drought-tolerant and drought-sensitive cultivars in tomato under water stress. Plant Science, 188-189: 89-96.

Schapel A, Marschner P, Churchman J. 2018. Clay amount and distribution influence organic carbon content in sand with subsoil clay addition. Soil & Tillage Research, 184: 253-260.

Schlemmer MR, Francis D, Shanahan JF, et al. 2005. Remotely measuring chlorophyll content in corn leaves with differing nitrogen levels and relative water content. Agronomy Journal, 97: 106-112.

Schwan T. 1994. Planting depth and its influence on survival and growth. A literature Hassan review with emphasis on jack pine, black spruce and white spruce. Technical Report, TR-1.

Shahinian S & Silvius JR. 1995. Doubly-lipid-modified protein sequence motifs exhibit long-lived anchorage to lipid bilayer membranes. Biochemistry, 34: 3813-3822.

Sharma RP, Vacek Z, Vacek S, et al. 2017. Modelling individual tree diameter growth for Norway spruce in the Czech Republic using a generalized algebraic difference approach. Forest Science, 63: 227-238.

Singh B & Sharma K. 2007. Tree growth and nutrient status of soil in a poplar (*Populus deltoides* Bartr.) -based agroforestry system in Punjab, India. Agroforestry Systems, 70 (2): 125-134.

Singh B. 2001. Influence of fertilization and spacing on growth and nutrient uptake in poplar (*Populus deltoides*) nursery. Indian Forester, 127: 111-114.

Sixto P, Gil P, Ciria F, et al. 2014. Performance of hybrid poplar clones in short rotation coppice in mediterranean environments: analysis of genotypic stability. Gcb Bioenergy, 6: 661-671.

Sofi PA, Djanaguiraman M, Siddique K, et al. 2018. Reproductive fitness in common bean (*Phaseolus vulgaris* L) under drought stress is associated with root length and volume. 23 (4): 796-809.

Stevenson FJ, Ed. 1982. Nitrogen agricultural soils. American Society Agronomy, Crop Science Society of America and Soil Science Society of American, Madison, 2: 289-326.

Stickler MB. 2008. Plant genetic engineering for biofuel production: towards affordable cellulosic ethanol. Nat. Rev. Genet. , 9(6): 433-443.

Sumida A, Miyaura T, Hitoshi T. 2013. Relationships of tree height and diameter at breast height revisited: analyses of stem growth using 20-year data of an even-aged *Chamaecyparis obtuse* stand. Tree Physiol. , 33: 106-118.

Sylvester BR & Kindred DR. 2009. Analyzing nitrogen responses of cereals to prioritize routes to the improvement of nitrogen use efficiency. J. Exp. Bot. , 60: 1939-1951.

Tabari M, Saeidi HR, Alavi-panah K, et al. 2007. Growth and survival response of potted *Cupressus sempervirens* seedlings to different soils. Pakistan Journal of Biological Sciences, 10: 1309-1312.

Takai T, Kondo M, Yano M, et al. 2010. A quantitative trait locus for chlorophyll content and its association with leaf photosynthesis in rice. Rice, 3: 172-180.

Tang ZC. 1989. The accumulation of free proline and its roles in water stressded sorghum seedlings. Acta Phytophysiologica Sirica. 15 (1): 105-110.

Tardieu F, Tuberosa R. 2010. Dissection and modelling of abiotic stress tolerance in plants. Current Opinion in Plant Biology, 13 (2): 206-212.

Ter H Veen CG, Van D, et al. 2017. Effects of temperature, moisture and soil type on seedling emergence and mortality of riparian plant species. Aquatic Botany, 136: 82-94.

Thu NB, Nguyen QT, Hoang XL, et al. 2014. Evaluation of drought tolerance of the vienamese soybean cultivars provides potential resources for soybean production and genetic egnineering. Journal of Biomedicine and Biotechnology, DOI: 10. 1155/2014/809736.

Timothy JT, Gerald AT, Gebre GM, et al. 1998. Drought resistance of two hybrid *Populus* clones grown in a large-scale plantation. Tree Physiology, 18(10): 653-658.

Van Delden A. 2001. Yield and growth components of potato and wheat under organic nitrogen management. Agron. J. , 93: 1370-1385.

Van DR, Thomas BR, & Kamelchuk DP. 2008. Effects of N, NP, and NPKs fertilizers applied to four-year old hybrid poplar plantations. New Forests, 35(3): 221-233.

Vanden DR, Rude W & Martens L. 2003. Effect of fertilization and irrigation on growth of aspen (*Populus tremuloides Michx.*) seedlings over three seasons. Forest Ecology and Management, 186: 381-389.

Verburg R & Van Eijk-Bos C. 2003. Effects of selective logging on tree diversity, composition and plant functional type patterns in a Bornean rain forest. Journal of Vegetation Science, 14: 99-110.

Vinha Z, Colodette JL, Borges G, et al. 2013. Chemical composition of eucalypt wood with different levels of thinning. Ciencia Florestal, 23: 755-760.

Wang D. et al. 1988. Growth and water relations of seedings of two subspecies *Eucalyptus Globules*. Tree Physiol. , 4: 129-138.

Wang Y, Xi B, Bloomberg M, et al. 2015. Response of diameter growth, biomass allocation and N uptake to N fertigation in a triploid *Populus tomentosa* plantation in the north China plain: Ontogenetic shift does not exclude plasticity. European Journal of Forest Research, 134(5): 889-898.

Wang Z, Ma L, Jia Z, et al. 2016. Interactive effects of irrigation and exponential fertilization on nutritional characteristics in *Populus × euramericana* cv. '74/76' cuttings in an open-air nursery in Beijing, China. Journal of Forestry Research, 27: 569-582.

Wang Z, Su Y, Zhang Y, et al. 2016. Ecology types determine physiochemical properties and microbial communities of sediments obtained along the songhuo river. Biochemical systematics and ecology, 66: 312-318.

Waring R, Landsberg J, Linder S. 2016. Tamm review: Insights gained from light use and leaf growth efficiency indices. Forest Ecology and Management, 379: 232-242.

Watt MS, Kimberley MO, Dash JP, et al. 2017. The economic impact of optimising final stand density for structural saw log production on the value of the New Zealand plantation estate. Forest Ecology and Management, 406: 361-369.

Weber JC, Montes CS. 2008. Geographic variation in tree growth and wood density of *Guazuma crinite Mart.* in the Peruvian Amazon. New Forests, 36: 29-52

Will R, Hennessey T, Lynch T, et al. 2010. Effects of planting density and seed source on loblolly pine stands in southeastern Oklahoma. For. Sci. , 56: 437-443.

Wilson AR, Nzokou P, Guney D, et al. 2013. Growth response and nitrogen use physiology of fraser fir (*Abies fraseri*), red pine (*Pinus resinosa*), and hybrid poplar under amino acid nutrition. New Forests, 44: 281-295.

Wu F, Bao W, Li F, et al. 2008. Effects of drought stress and N supply on the growth, biomass partitioning and water-use efficiency of *Sophora davidii* seedlings. Environ. Exp. Bot. , 63: 248-255.

Wu J. 1997. Quantitative genetics of growth and development in *Populus*. II. The partitioning of genotype × environment interaction in stem growth, Heredity, 78: 124-134.

Xu DH, Gao XG, Gao TP, et al. 2018. Interactive effects of nitrogen and silicon addition on growth of five common plant species and structure of plant community in alpine meadow. Catena, 169: 80-89.

Yan W, Hunt LA, Sheng Q, et al. 2000. Cultivar evaluation and mega-environment investigation based on GGE biplot. Crop Science, 40: 596-605.

Yang H, Cao Y, Liao H, et al. 2017. Effects of water and nutrient stresses on growth and leaf variation of *Eucalyptus urophylla* clones. Journal of Tropical and Subtropical Botany, 25: 218-224.

Yang H, Weng Q, Li F, et al. 2018. Genotypic variation and genotype-by-environment interactions in growth and wood properties in a cloned *Eucalyptus urophylla* × *E. tereticornis* family in southern China. Forest Science, 64: 225–232.

Yasin AB & Singh S. 2010. Correlation and path coefficient analyses in sunflower. J. Plant Breed and Crop Sci. , 2(5): 129–133.

Yili K, Wang LN, Hou JT. 2017. Effects of water stress on contents of dry matters and chlorophyll in almond rootstock. Nonwood Forest Research, 25 (4): 1–5.

Yin S, Xiao Z, Zhao G, et al. 2017. Variation analyses of growth and wood properties of *Larix olgensis* clones in China. J. For. Res. , 28: 687–697.

Yu C, Qin J, Yang L, et al. 2010. changes in photosynthesis, fluorescence, and nitrogen metabolism of hawthorn (*crataegus pinnatifida*) in response to exogenous glutamic acid. Photosynthetica, 48: 339–347.

Yu QB and Pulkkien P. 2003. Genotype-environment interaction and stability in growth of aspen hybrid clones. For Ecol Manag, 173: 25–35.

Zabek LM & Prescott CE. 2007. Steady-state nutrition of hybrid poplar grown from un-rooted cuttings. New Forests, 34(1): 13–23.

Zhang P, Wu F, Kang X. 2013. Genetic control of fiber properties and growth in triploid hybrid clones of *Populus tomentosa*. Scandinavian Journal of Forest Research, 28: 621–630.

Zhang S, Chauret G & Ren H. 2002. Impact of initial spacing on plantation black spruce lumber grade yield, bending properties, and MSR yield. Wood Fiber Sci. , 34: 460–475.

Zhang SY, Simpson D & Morgenstern EK. 2007. Variation in the relationship of wood density with growth in 40 black spruce (*Picea mariana*) families grown in New Brunswick. Wood and fiber science, 28: 91–99.

Zhang Y, Ma Q, Liu D, et al. 2018. Effects of different fertilizer strategies on soil water utilization and maize yield in the ridge and furrow rainfall harvesting system in semiarid regions of China. Agricultural Water Management, 208: 414–421.

Zhao DL, Reddy KR, Kakani VG, et al. 2003. Corn (*Zea mays L.*) growth, leaf pigment concentration, photosynthesis and leaf hyperspectral reflectance properties as affected by nitrogen supply. Plant and Soil, 257: 205–217.

Zhao X, Hou W, Zheng H, et al. 2013. Analyses of genotypic variation in white poplar clones at four sites in China. Silvae Genetica, 62: 187–195.

Zhao XY, Bian X, Liu M, et al. 2014. Analysis of genetic effects on a complete diallel cross test of *Betula platyphylla*. Euphytica, 200: 221–229.

Zhao XY, Li Y, Zheng M, et al. 2015. Comparative analysis of growth and photosynthetic characteristics of (*Populus simonii* × *P. nigra*) × (*P. nigra* × *P. simonii*) hybrid clones of different ploidides. Plos One, DOI: 10. 1371/journal. pone. 0119259.

Zhao XY, Xia H, Wang X, et al. 2016. Variance and stability analyses of growth characters in half-sib *Betula platyphylla* families at three different sites in China. Euphytica，208：173-186.

Zhou B，Yan X，Xiao YA，et al. 2015. Module biomass of *Ageratum conyzoides* populations in different habitats. Acta Ecologica Sinica，35：2602-2608.

Zhu J，Bo H，Li X，et al. 2017. Effects of Soil water and nitrogen on the stand volume of four hybrid *Populus tomentosa* Clones. Forests，DOI：10. 3390/f8070250.

Zhu JK. 2002. Salt and drought stress signal transduction in plants. Annu. Rev. Plant Biol.，53：247-273.

敖红，张羽. 2007. 水分胁迫对云杉光合特性的影响植物研究. 西北植物学报，24(11)：78-82.

陈超，赵丽丽，王普昶，等. 2014. 百脉根对干旱胁迫的生长、生理生态响应及其抗旱性评价. 水土保持学报，28(3)：300-306.

陈存，丁昌俊，苏晓华，等. 2016. 欧美杨纤维含量构成因素的相关和通径分析. 林业科学，52(11)：124-133.

陈林，王芬. 2010. 水稻光合特性研究综述. 高原山地气象研究，30(4)：89-92.

陈晓阳，沈熙环. 2005. 林木育种学. 北京：高等教育出版社.

陈亚鹏，陈亚宁，李卫红，等. 2003. 干旱胁迫下的胡杨脯氨酸累积特点分析. 干旱区地理，26(4)：420-424.

陈由强，叶冰莹，朱锦懋，等. 2000. 渗透胁迫对花生幼叶活性氧伤害和膜脂过氧化作用的影响. 中国油料作物学报，11(4)：24-25.

程建峰，戴廷波，荆奇，等. 2007. 不同水导基因型的根系形态生理特性与高效氮素吸收. 土壤学报，44(2)：266-272.

丛雪，齐华，孟凡超，等. 2010. 干旱胁迫对玉米叶绿素荧光参数及质膜透性的影响. 华北农学报，25(5)：141-144.

董斌，韦雪芬，蓝来娇，等. 2018. 干旱胁迫对 4 个油茶品种光合特性的影响. 经济林研究，36(4)：9-15.

段娜，贾玉奎，郝玉光，等. 2018. 干旱胁迫对欧李叶绿素荧光特性的影响. 西北林学院学报，33(6)：10-14.

方升佐. 2008. 中国杨树人工林培育技术研究进展. 应用生态学报，10：2308-2316.

方宇，查朝生，周亮，等. 2005. 不同立地条件的杨树制浆前后纤维形态的比较研究. 安徽农业大学学报，4：509-513.

冯玉龙，巨关升，朱春全. 2003. 杨树无性系幼苗光合作用和 PV 水分参数对水分胁迫的响应. 林业科学，39(3)：30-36.

付士磊，周永斌，何兴元，等. 2006. 干旱胁迫对杨树光合生理指标的影响. 应用生态学报，17(11)：2016-2019.

韩瑞莲，李丽霞，梁宗锁，等. 2002. 干旱胁迫下沙棘膜质过氧化保护体系研究. 西北林学院学报，17(4)：1-5.

韩泽群，姜波．2014. 加工番茄品种多性状综合评价方法研究．中国农业科学，47(2)：357-365.

郝俊颖，刘洋．2010. 指数施肥理论及技术在林木上应用前景分析，吉林农业科技学院学报，19(3)：13-14.

郝再明．2011. 杨树良种培育技术研究现状．山西水土保持科技，4：10-13.

何广志，陈亚宁，陈亚鹏，等．2016. 柽柳根系构型对干旱的适应策略．北京师范大学（自然科学版），52(3)：277-282.

何建社，张利，刘千里，等．2018. 岷江干旱河谷区典型灌木对干旱胁迫的生理生化响应．生态学报，38(07)：2362-2371.

胡景江，顾振瑜，文建雷，等．1999. 水分胁迫对元宝枫膜脂过氧化作用的影响．西北林学院学报，14(2)：7-11.

胡晓健，欧阳献，喻方圆．2010. 干旱胁迫对不同种源马尾松苗木生长及生物量的影响．江西农业大学学报，32(3)：510-516.

黄逢龙，焦一杰，张星耀，等．2011. 不同立地条件下杨树树冠结构与溃疡病的关系．北京林业大学学报，33(02)：72-76.

姬慧娟，贾会霞，章小铃，等．2016. 干旱胁迫对红皮柳光合特性日变化及生长的影响．南京林业大学学报，40(6)：41-46.

姜慧芳，任小平．2004. 干旱胁迫对花生叶片 SOD 活性和蛋白质的影响．作物学报，30(2)：169-174.

姜卫兵，郝胜大，翁忙玲，等．2008. 逆境对木兰科树种伤害机理研究进展．生态环境学报，17(1)：439-446.

姜英淑，陈书明，王秋玉，等．2009. 干旱胁迫对 2 个欧李种源生理特性的影响．林业科学，45(6)：6-10.

井大炜，邢尚军，马海林，等．2014. I-107 欧美杨对不同强度干旱胁迫的形态与生理响应．东北林业大学学报，1：10-13.

井大炜．2014. 杨树苗叶片光合特性和抗氧化酶对干旱胁迫的响应．核农学报，28(3)：532-539.

李春明，严冬，夏辉，等．2016. 毛白杨种内杂交无性系苗期生长量及叶片性状变异研究．植物研究，36(01)：62-67.

李丽霞，梁宗锁，韩蕊莲．2002. 土壤干旱对沙棘苗木生长及水分利用的影响．西北植物学报，22(2)：296-302.

李明，王根轩．2002. 干旱胁迫对甘草幼苗保护酶活性及脂质过氧化作用的影响．生态学报，22(4)：503-507.

李素艳，孙向阳．2003. 指数施肥技术在草坪培育中的应用．北京林业大学学报，25(4)：44-48

李文华，吴万兴，张忠良，等．2003. 土壤水分对仁用杏水分和生长特征的研究．西北农林科技大学学报，31(4)：139-144.

李文娆, 张岁岐, 丁圣彦, 等. 2010. 干旱胁迫下紫花苜蓿根系形态变化及与水分利用的关系. 生态学报, 19: 5140-5150.

李文荣, 任建中, 段自安. 2008. 杨树与柳树新品种及其栽培. 北京: 中国林业出版社.

梁德洋, 金允哲, 赵光浩, 等. 2016. 50个红松无性系生长与木材性状变异研究. 北京林业大学学报, 38(6): 51-59.

刘殿昆, 刘梦然, 李志新, 等. 2015. 转TaLEA基因小黑杨无性系生长性状变异研究. 植物研究, 35(04): 540-546.

刘梦然, 边秀艳, 麻文俊, 等. 2014. 转TaLEA基因小黑杨无性系苗期生长性状Logistic模型构建. 植物研究, 34(04): 485-491.

刘淑明, 孙丙寅, 孙长忠. 1999. 油松蒸腾速率与环境因子关系的研究. 西北林学院学报, 14(4): 27-30.

刘莹, 李鹏, 沈冰, 等. 2017. 采用稳定碳同位素法分析白羊草在不同干旱胁迫下的水分利用效率. 生态学报, 37(9): 3054-3064.

刘友良. 1992. 植物水分逆境生理. 北京: 农业出版社.

卢少云, 陈斯平, 陈斯曼, 等. 2003. 三种暖季型草坪草在干旱条件下脯氨酸含量和抗氧化酶活性的变化. 园艺学报, 03: 303-306.

卢少云, 郭振飞, 彭新湘, 等. 1997. 干旱条件下水稻幼苗的保护酶活性及其与耐旱性关系. 华南农业大学学报, 18(4): 22-25.

鲁松. 2012. 干旱胁迫对植物生长及其生理的影响. 江苏林业科技, 39(4): 51-54.

陆钊华, 徐建民, 陈儒香, 等. 2003. 桉树无性系苗期光合作用特性研究. 林业科学研究, 16(5): 575-580.

麻文俊. 2013. 楸树优良无性系2-8苗期生理变化与基因表达对干旱胁迫的影响. 中国林业科学研究院硕士论文.

马妮, 仲崇禄, 张勇, 等. 2014. 7年生短枝木麻黄优良无性系选择的研究. 林业科学研究, 27(05): 662-666.

马迎莉, 高雨, 袁婷婷, 等. 2019. 重金属铬胁迫对罽毛箬竹光合特性的影响. 南京林业大学学报(自然科学版), 43(1): 54-60.

穆怀志, 刘桂丰, 姜静, 等. 2009. 白桦半同胞子代生长及木材纤维性状变异分析. 东北林业大学学报, 37(03): 1-3+8.

倪霞, 周本智, 曹永慧, 等. 2017. 干旱胁迫对植物光合生理影响研究进展. 江苏林业科技, 44(2): 34-52.

祁伟亮, 冯鸿, 刘松青, 等. 2017. 不同桑品种在干旱胁迫下脯氨酸及可溶性蛋白质含量的变化规律研究. 中国野生植物资源, 36(05): 34-36, 39.

邱兴, 吕小锋, 李晓东, 等. 2015. 4个杨树新无性系的抗旱性研究. 西北林学院学报, 30(4): 99-108.

阮成江, 李代琼. 2001. 黄土丘陵区沙棘气孔导度及其影响因子. 西北植物学报, 21(6): 1078-1084.

山仑，邓西平，张岁岐．2006. 生物节水研究现状及展望．中国科学基金，2：66-71.

沈艳，谢应忠．2004. 干旱对紫花苜蓿叶绿素含量与水分饱和亏缺的影响．宁夏农学院学报，2(25)：25-28.

时立文．2012. SPSS 19.0 统计分析从入门到精通．北京：清华大学出版社.

司冬晶，张鑫鑫，韩冬荟，等．2016. 不同地点杨树无性系树高和胸径变异分析及生长模型构建．植物研究，36(04)：588-595.

司建华，常宗强，苏永红，等．2008. 胡杨叶片气孔导度特征及其对环境因子的响应．西北植物学报，28(1)：0125-0130.

宋羽，孙晓军，张升，等．2013. 戈壁设施条件下不同栽培基质对生菜生长影响的研究．新疆农业科学，50(12)：2274-2279.

孙佩，姬慧娟，张亚红，等．2019. 杨树派间杂交子代苗期抗旱性初步评价．植物遗传资源学报，20：1-19.

孙学凯，范志平，王红，等．2008. 科尔沁沙地复叶槭等 3 个阔叶树种的光合特性及其水分利用效率．干旱区资源与环境，22(10)：188-194.

唐连顺．1992. 水分胁迫对玉米幼苗膜脂过氧化及保护酶的影响．河北农业大学学报，15(2)：35-40.

唐罗忠，黄选瑞，李彦慧．1998. 水分胁迫对白杨杂中无性系生理和生长的影响．河北林果研究，22(2)：99-102.

田大伦，罗勇，项文化，等．2004. 樟树幼树光合特性及其对 CO_2 浓度和温度升高的响应．林业科学，40(5)：88-92.

田国忠，李怀方，裘维蕃．2005. 植物过氧化物酶研究进展．植物学通报，22(3)：332-344.

王芳，喻理飞．2008. 水分胁迫对掌叶木幼苗生长的影响．安徽农业科学，36(20)：8436-8437.

王锋堂，杨福孙，卜贤盼，等．2017. 干旱胁迫下热带樱花叶片与气孔形态变化特征研究．热带作物学报，38(8)：1441-1445.

王凤娟，黄峰，杨桂花，等．2010. 半纤维素对浆纸质量的影响．造纸科学与技术，29(01)：27-32.

王家顺，李志友．2011. 干旱胁迫对茶树根系形态特征的影响．河北农业科学，40(9)：55-57.

王凯悦，陈芳泉，黄五星．2019. 植物干旱胁迫响应机制研究进展．中国农业科技导报，2：19-25.

王淼，代力民，姬兰柱，等．2001. 长白山阔叶红松林主要树种对干旱胁迫的生态反应及生物量分配的初步研究．应用生物学报，12(4)：496-450.

王庆斌，张玉波，邹威，等．2011. 杨树新品种生长性状遗传相关及通径分析．林业科技，36(01)：5-7.

王琰，陈建文，狄晓艳．2011. 水分胁迫下不同油松种源 SOD、POD、MDA 及可溶性蛋白比较研究. 生态环境学报, 20(10): 1449-1453.

王琰, 刘勇, 李国雷, 等. 2016. 容器类型及规格对油松容器苗底部渗灌耗水规律及苗木生长的影响. 林业科学, 52(06): 10-17.

韦莉莉, 张小全, 侯振宏, 等. 2005. 杉木苗木光合作用及其产物分别对水分胁迫的响应. 植物生态学报, 29(3): 394-402.

吴丽云, 令狐荣钢, 阚荣飞, 等. 2015. 杨树不同无性系根系生长的比较. 防护林科技, 7(7), 26-28, 35.

吴锡麟, 叶功富, 李宝福, 等. 2005. 木麻黄苗期生物量的水肥耦合效应. 中南林学院学报, 01: 21-24+65.

吴裕, 毛常丽. 2012. 林木育种学中遗传力、重复力和遗传增益的概念及思考. 热带农业科技, 35(1): 47-50.

武宝轩, 格林托德. 1985. 小麦幼苗过氧化物歧化酶活性与幼苗脱水忍耐力相关性研究. 植物学报, 27(2): 152-160.

夏诗书, 李宏, 程平, 等. 2018. 伊犁地区不同引种杨树品系苗木光合日变化特性研究. 安徽农业大学学报, 45(1): 81-89.

向志民, 何敏. 1999. 几种落叶松生长规律及树高与胸径间关系的研究. 林业科技, 01: 12-14.

肖冬梅, 王淼, 姬兰柱. 2004. 水分胁迫对长白山阔叶红松林主要树种生长及生物量分配的影响. 生态学杂志, 23(5): 93-97.

谢会成, 朱西存. 2004. 水分胁迫对栓皮栎幼苗生理特性及生长的影响. 山东林业科技, 151(2): 6-7.

徐悦丽, 张含国, 施天元, 等. 2013. 长白落叶松群体 4CL 基因单核苷酸多态性分析. 植物研究, 33(02): 208-213.

薛鑫, 张芊, 吴金霞. 2013. 植物体内活性氧的研究及其在植物抗逆方面的应用. 生物技术通报, 10: 6-11.

燕平梅, 章艮山. 2000. 水分胁迫下脯氨酸的积累及其可能的意义. 太原师范专科学校学报, 4: 27-28.

杨标, 刘壮壮, 彭方仁, 等. 2017. 干旱胁迫和复水下不同薄壳山核桃品种的生长和光合特性. 浙江农林大学学报, 34(6): 991-998.

杨斌. 2006. 柳树苗期年生长模型的研究. 西北林学院学报, 06: 97-99+129.

杨敏生, 裴保华, 朱之悌. 2002. 白杨双交杂种无性系抗旱性鉴定指标分析. 林业科学, 6: 36-42.

杨特武, 鲍健寅. 1997. 干旱胁迫下白三叶器官生理特性变化及其 SOD 在抗旱中的作用. 中国草地学报, 4: 55-61.

姚庆群, 谢贵水. 2005. 干旱胁迫下光合作用的气孔与非气孔限制. 热带农业科学, 4(25): 80-85.

尹赜鹏, 刘雪梅, 商志伟, 等. 2011. 不同干旱胁迫下欧李光合及叶绿素荧光参数的响应.植物生理学报，47(5)：452-458.

于东阳，梅芳，王军辉，等.2014.杨树新杂种无性系生长与材性的联合选择.东北林业大学学报，42(02)：10-13+16.

宇万太，于永强.2001.植物地下生物量研究进展.应用生态学报，12(6)：927-932.

喻晓丽，邸雪颖，宋丽萍.2007.水分胁迫对火炬树幼苗生长和生理特性的影响.林业科学，43(11)：57-61.

袁娜娜.2014.室内环刀法测定土壤田间持水量.中国新技术新产品，9：184.

张宝，李越，刘双智，等.2016.干旱胁迫对3种木本植物酶活性的影响.防护林科技，5(5)：61-63.

张成军，解恒才，郭佳秋，等.2005.干旱对4种木本植物幼苗脯氨酸含量的影响.南京林业大学学报(自然科学版)，5(29)：33-36.

张洁，高琛稀，宋春晖，等.2015.干旱胁迫对不同苹果砧穗组合根系形态与生理特性的影响.西北农业学报，24(12)：92-99.

张立恒，贾志清，王学全，等.2018.高寒沙区不同生境赖草的生长特征分析.植物资源与环境学报，27(03)：87-94.

张岁岐，等.2002.植物水分利用效率及其研究进展.干旱地区农业研究，20(4)：1-5.

张英普，何武权，韩健.1999.水分胁迫对玉米生理生态特性的影响.西北水资源与水工程，10(3)：18-21.

张志毅，李善文，何占国.2006.中国杨树资源与杂交育种研究现状及发展对策.河北林业科技，9：20-24.

张志勇，王素芳，等.2009.植物根系形态建成研究进展.江苏农业科学，3：14-15.

张忠涛，孙乐智.2001.我国的杨树资源与开发利用.林业建设，5：21-24.

章元明，盖钧镒.1994.Logistic模型的参数估计.四川畜牧兽医学院学报，02：46-51.

赵黎芳，张金政，张启翔，等.2003.水分胁迫下扶芳藤幼苗保护酶活性和渗透调节物质的变化.植物研究，23(4)：437-442.

赵曦阳，马开峰，沈应柏，等.2012.白杨派杂种无性系植株早期性状变异与选择研究.北京林业大学学报，34(02)：45-51.

赵曦阳，张志毅.2013.毛白杨种内杂交无性系苗期生长模型构建.北京林业大学学报，35(05)：15-21.

赵曦阳，马开峰，张明，等.2011.3年生毛白杨无性系光合特性的比较研究.林业科学研究，24(3)：370-378.

赵曦阳.2010.白杨杂交试验与杂种无性系多性状综合评价.北京林业大学博士论文.

赵秀莲.2007.不同年龄沙地柏抗旱生理特性的差异研究.中国林业科学研究院.

赵燕.2010.毛白杨杂种无性关系苗木施肥效应研究，北京林业大学博士论文.

郑淑霞，上官周平.2004.近一世纪黄土高原区植物气孔密度变化规律.生态学报，24(11)：2457-2464.

钟克雄，徐纬英.1988.杨树柳树叶绿体类囊体膜蛋白的研究.林业科学，24(03)：

268-274.

钟培芳，单立山，苏世平，等.2018.干旱胁迫对甘肃地区 5 种经济林苗木水分利用效率的影响.干旱地区农业研究，167(2)：143-149.

周朝彬，宋于洋，工炳举，等.2009.干旱胁迫对胡杨光合合叶绿素荧光参数的影响.西北林学院学报，24(4)：5-9.

周晓阳，张辉.1999.不同耐旱性杨树气孔保卫细胞对水分胁迫的差异性反应.北京林业大学学报，5(21)：1-6.

周元满，谢正生，刘素青，等.2004.Logistic 模型在桉树生长过程估计中的应用.南京林业大学学报(自然科学版)，06：107-110.

朱广龙，魏学智.2016.酸枣叶片结构可塑性对自然梯度干旱生境的适应特征.生态学报，19：6178-6187.

朱教君，康宏樟，李智辉，等.2005.水分胁迫对不同年龄沙地樟子松幼苗存活与光合特性影响.生态学报，25(10)：2527-2533.